广东省"粤菜师傅"工程培训教材

广东省职业技术教研室　组织编写

潮式风味菜
烹饪工艺

广东科技出版社 | 全国优秀出版社

· 广 州 ·

图书在版编目（CIP）数据

潮式风味菜烹饪工艺 / 广东省职业技术教研室组编. —广州：广东科技出版社，2019.8

广东省"粤菜师傅"工程培训教材

ISBN 978-7-5359-7149-4

Ⅰ.①潮… Ⅱ.①广… Ⅲ.①粤菜—烹饪—方法—技术培训—教材 Ⅳ.①TS972.117

中国版本图书馆CIP数据核字（2019）第139044号

潮式风味菜烹饪工艺
Chaoshi Fengweicai Pengren Gongyi

出 版 人：朱文清
责任编辑：尉义明
封面设计：柳国雄
责任校对：杨崚松
责任印制：彭海波

出版发行：广东科技出版社
（广州市环市东路水荫路11号　邮政编码：510075）

http：//www.gdstp.com.cn

E-mail：gdkjyxb@gdstp.com.cn（营销）

E-mail：gdkjzbb@gdstp.com.cn（编务室）

经　　销：广东新华发行集团股份有限公司

排　　版：创溢文化

印　　刷：广州市岭美文化科技有限公司
（广州市荔湾区花地大道南海南工商贸易区A幢　邮政编码：510385）

规　　格：787mm×1 092mm　1/16　印张10.5　字数210千

版　　次：2019年8月第1版
2019年8月第1次印刷

定　　价：40.00元

如发现因印装质量问题影响阅读，请与承印厂联系调换。

广东省"粤菜师傅"工程培训教材

指导委员会

主　　任：陈奕威
副 主 任：杨红山
委　　员：高良锋　邱　璟　刘正让　黄　明
　　　　　李宝新　张广立　陈俊传　陈苏武

专家委员会

组　　长：黎永泰　钟洁玲
成　　员：何世晃　肖文清　陈钢文　黄明超
　　　　　徐丽卿　黄嘉东　冯　秋　潘英俊
　　　　　谭小敏　方　斌　黄　志　刘海光
　　　　　郭敏雄　张海锋

《潮式风味菜烹饪工艺》编写委员会

主　　编：黄　志　肖文清　刘松彬
副 主 编：李光亮　陈少俊
参编人员：江本华　林贞标　陈邦涛　林顺利
　　　　　詹明亮　林敏淳　尤焕荣　叶　飞
　　　　　肖伟忠　高庭源

前言

粤菜，一个可以追溯至距今两千多年的菜系，以其深厚的文化底蕴、鲜明的风味特色享誉海内外。它是岭南文化的重要组成部分，是彰显广东影响力的一块金字招牌。

利民之事，丝发必兴。2018年4月，中共中央政治局委员、广东省委书记李希倡导实施"粤菜师傅"工程。一年来，全省各地各部门将实施"粤菜师傅"工程作为贯彻落实习近平总书记新时代中国特色社会主义思想和党的十九大精神的具体行动，作为深入实施乡村振兴战略的关键举措，作为打赢精准脱贫攻坚战的重要抓手，系统研究部署，深入组织推进，广泛宣传发动，开展技能培训，举办技能大赛，掀起了实施"粤菜师傅"工程的行动热潮，走出了一条促进城乡劳动者技能就业、技能致富，推动农民全面发展、农村全面进步、农业全面升级的新路子。2018年12月，李希书记对"粤菜师傅"工程做出了"工作有进展，扎实推进，久久为功"的批示，在充分肯定实施工作的同时，也提出了殷切的期望。

人才是第一资源。培养一批具有工匠精神、技能精湛的粤菜师傅，是推动"粤菜师傅"工程向纵深发展的关键所在。广东省人力资源和社会保障厅结合广府菜、潮州菜、客家菜这三大菜系的特色，组织中式烹饪行业、企业和专家，广泛参与标准研发制定，加快建立"粤菜师傅"

职业资格评价、职业技能等级认定、省级专项职业能力考核、地方系列菜品烹饪专项能力考核等多层次评价体系。在此基础上,组织技工院校、广东餐饮行业协会、企业和一大批粤菜名师名厨,按照《广东省"粤菜师傅"烹饪技能标准开发及评价认定框架指引》和粤菜传统文化,编写了《粤菜师傅通用能力读本》《广府风味菜烹饪工艺》《广式点心制作工艺》《广东烧腊制作工艺》《潮式风味菜烹饪工艺》《潮式风味点心制作工艺》《潮式卤味制作工艺》《客家风味菜烹饪工艺》《客家风味点心制作工艺》9本教材,为大规模培养粤菜师傅奠定了坚实基础。

行百里者半九十。"粤菜师傅"工程开了个好头,关键在于持之以恒,久久为功。广东省人力资源和社会保障厅将以更积极的态度、更有力的举措、更扎实的作风,大规模开展"粤菜师傅"职业技能培训,不断壮大粤菜烹饪技能人才队伍,为广东破解城乡二元结构问题、提高发展的平衡性、协调性做出新的更大贡献。

广东省人力资源和社会保障厅

2019年8月

编写说明
COMPILATION

《广东省"粤菜师傅"工程实施方案》明确提出为推动广东省乡村振兴战略，将大规模开展"粤菜师傅"职业技能教育培训。力争到2022年，全省开展"粤菜师傅"培训5万人次以上，直接带动30万人实现就业创业。培养粤菜师傅，教材要先行。

在广东省"粤菜师傅"工程培训教材的组织开发过程中，广东省职业技术教研室始终坚持广东省人力资源和社会保障厅关于"教材要适应职业培训和学制教育，要促进粤菜烹饪技能人才培养能力和质量提升，要为打造'粤菜师傅'文化品牌，提升岭南饮食文化在海内外的影响力贡献文化力量"的要求，力争打造一套富有工匠精神，既适合职业院校专业教学又适合职业技能培训和岭南饮食文化传播的综合性教材。

其中，《粤菜师傅通用能力读本》图文并茂，可读性强，主要针对"粤菜师傅"的工匠精神，职业素养，粤菜、粤点文化，烹饪基本技能，食品安全卫生等理论知识的学习。《广府风味菜烹饪工艺》《广式点心制作工艺》《广东烧腊制作工艺》《潮式风味菜烹饪工艺》《潮式风味点心制作工艺》《潮式卤味制作工艺》《客家风味菜烹饪工艺》《客家风味点心制作工艺》8本教材，通俗易懂、实用性强，侧重于粤菜风味菜的烹饪工艺和风味点心制作工艺的实操技能学习。

整套教材按照炒、焖、炸、煎、扒、蒸、焗等7种粤菜传统烹饪技法和蒸、煎、炸、水煮、烤、炖、煲等7种粤点传统加温方法，收集了广东地方风味粤菜菜品近600种和粤点点心品种约400种，其中包括深入乡村挖掘的部分已经失传的粤式菜品和点心。同时，整套教材还针对每个菜品设计了"名菜（点）故事""烹调方法""原材料""工艺流程""技术关键""风味特色""知识拓展"7个学习模块，保障了"粤菜师傅"对粤菜（点）理论和实操技能的学习及粤菜文化的传承。另外，为促进粤菜产业发展，加速构建以粤菜美食为引擎的产业经济生态链，促进"粤菜+粤材""粤菜+旅游"等产业模式的形成，整套教材还特别添加了60个"旅游风味套餐"，涵盖广府菜、潮州菜、客家菜三大菜系。这些套餐均由粤菜名师名厨领衔设计，根据不同地域（区），细分为"点心""热菜""汤"等9种有故事、有文化底蕴的地方菜品。

国以民为本，民以食为天。我们借助岭南源远流长的饮食文化，培养具有工匠精神、勇于创新的粤菜师傅，必将推进粤菜产业发展，助力"粤菜师傅"工程，助推广东乡村振兴战略，对社会对未来产生深远影响。

广东省职业技术教研室
2019年8月

目录

一、潮式风味菜"粤菜师傅"学习要求 ········· 1
- （一）学习目标 ········· 2
- （二）基本素质要求 ········· 3
- （三）学习与传承 ········· 4

二、潮式风味通用菜 ········· 7
- （一）水产类 ········· 8
- （二）家禽家畜类 ········· 15
- （三）蔬果类 ········· 20
- （四）甜菜类 ········· 24
- （五）其他类 ········· 30

三、潮式地方风味菜 ········· 33
- （一）水产类 ········· 34
- （二）家禽家畜类 ········· 68

（三）蔬果类·· 101
（四）甜菜类·· 115
（五）其他类·· 138

四、旅游风味套餐·· **145**

（一）旅游风味套餐的概念································ 146
（二）旅游风味套餐设计目的····························· 146
（三）旅游风味套餐设计要求····························· 146
（四）旅游风味套餐设计实例····························· 148

附录　部分烹饪专用词及原料、调料名称解释············ 156
后记·· 158

一、潮式风味菜"粤菜师傅"学习要求

潮式风味菜发源于潮汕平原，覆盖潮州、汕头、揭阳及汕尾等地，还包括所有讲潮汕话的地方在内。潮汕地区位于广东省的东南部，面临南海，海岸线约660千米，东面距台湾省约560千米，海产资源丰富。韩江、榕江、练江三条大江河贯彻整个潮汕地区，形成富饶的广东省第二大平原——潮汕平原。潮式风味菜烹饪具有岭南文化特色，讲究食材生猛新鲜、菜品原汁原味，刀工精细、口味清醇、注重造型也是潮式风味菜的显著特点。潮式风味菜与中原各大菜系最大的区别，就是特别擅长烹制海鲜，这是潮州美食最为独特之处。潮式风味菜还非常注重刀工，拼砌整齐美观，在讲究色、味、香的同时，还有意在造型上追求赏心悦目。

潮式风味菜代表菜品有：炸凤尾虾、生炊肉蟹、油泡鱼球、返沙芋头、炒沙茶肉丝、八宝素菜、玉枕白菜、豆酱焗蟹、北菇鹅掌、云腿护国菜、炒凤凰鸡肠粉、揭西苦笋煲、莆田笋丝炒粿条、鲫鱼橄榄汤、珠瓜（苦瓜）鲜虾煎蛋、海丰狮子头、鲜淮山芡实煲等。

炸凤尾虾

（一）学习目标

通过对潮式风味菜"粤菜师傅"的学习，粤菜师傅实现知识和技能的双线提升，既具有娴熟的潮式风味菜操作技术，也掌握系统的潮式风味菜理论知识。学习目标主要包括知识目标和技能目标两方面，具体内容如下。

1. 知识目标

（1）了解潮式风味菜的组成和风味特点的基本知识。

（2）掌握潮式风味菜常用烹饪原料的种类、品质鉴定及保管方法的基本知识。

（3）了解潮式风味菜中刀工的基本要求及注意事项，掌握肉料的腌制基本方法，掌握配菜的基本原则及方法的基本知识。

（4）了解潮式风味菜烹调中的火候种类，掌握调味的基本原则及方法，掌握菜肴制作中的上浆、上粉、勾芡的基本知识。

（5）了解潮式风味菜厨房中的各个工作岗位及职责和厨房食品卫生有关知识。

2.技能目标

（1）能进行潮式风味菜常见烹饪原料的简单初步加工。

（2）能进行潮式风味菜刀工的正确砧板岗位操作，熟悉"料头"的使用。

（3）能进行鼎工中的"抓鼎、抛鼎、搪鼎"的基本操作，熟练掌握烹制菜肴前的操作姿势及技巧。

（4）能进行潮式风味菜烹调过程中的火候调节和掌握各种烹调设备与工具的使用。

（5）能进行潮式风味菜各种烹调法的菜式操作、制作及掌握要领和调味技巧。

（二）基本素质要求

潮式风味菜粤菜师傅除了需要掌握系统的理论知识和扎实的操作技能之外，同时必须具备良好的职业素养。根据餐饮服务行业的特点，粤菜师傅必须具备的职业素养包括以下几个方面。

1.具备优良的服务意识

餐饮业定义为第三产业，是服务业的一块重要的拼图，这就决定了餐饮业从业人员必须具备强烈的服务意识及优良的服务态度。服务质量的优劣直接影响企业的光顾率及回头率、直接影响企业的可持续发展，由此决定粤菜师傅的工作态度，直接影响菜品的出品质量，间接决定了粤菜师傅的行业影响力。基于此，粤菜师傅必须时刻端正及重视自身的服务态度，这是良好职业素养的基石。常言道，顾客是上帝。只有把优良的服务意识付诸行动，贯彻于学习和工作之中，才能够精于技艺，才能够乐享粤菜师傅学习的过程，才能够保证菜品的出品质量。

厨艺展示

2. 具备强烈的卫生意识

粤菜师傅必须具备良好的卫生习惯，卫生习惯既指个人生活习惯，同时也包括工作过程中的行为规范。卫生是食品安全的有力保障，餐饮业中的食品安全问题屡见不鲜，其中很大一部分与从业人员的卫生习惯密切相关。粤菜师傅首先必须从我做起，从生活中的点滴小事做起，养成良好的个人卫生习惯，进而形成健康的饮食习惯。除此之外，粤菜师傅在菜品制作过程中要严格遵守食品安全操作规程，拒绝有质量问题的原材料，拒绝不能对菜品提供质量保障的加工环境，拒绝有安全风险的制作工艺，拒绝一切会影响顾客身心健康的食品安全问题。没有良好的卫生习惯，一定不能成就一位合格的粤菜师傅。

厨师既是美食的制造者，又是美食的监管者，因此，厨师除了具有食物烹饪的技能之外，还须具备强烈并且是潜移默化的卫生意识，绝对不能马虎以及时刻不能松懈。厨师的卫生意识包括个人卫生意识、环境卫生意识及食品卫生（安全）意识三个方面。

3. 具备突出的协作精神

一道精美的菜品从备料到出品要经过很多道工序，其中任何一个环节的疏忽都会影响菜品的出品质量，这就需要不同岗位的粤菜师傅之间的相互协作。好的菜品一定是团队智慧的结晶，反映出团队成员之间的默契程度，绝不仅是某一位师傅的功劳。每位粤菜师傅根据自身特点都拥有精通的技能，是专才，并非通才。粤菜师傅根据技能特点的差异而从事不同的岗位工作，岗位只有分工的不同而没有高低贵贱之分，每个岗位都是不可或缺的重要环节，每个粤菜师傅都是独一无二的。粤菜师傅之间只有相互协作、目标一致，才能够汇聚成巨大的能量，才能够呈现自身的最大价值。

（三）学习与传承

粤菜的快速发展离不开一代又一代粤菜师傅的辛勤付出，粤菜师傅是粤菜发展的原动力。粤菜文化与粤菜师傅的工匠精神是粤菜的宝贵财富，需要继往开来的新一代粤菜师傅的学习与传承。

1. 学习粤菜师傅对职业的敬畏感

老一辈粤菜师傅素有专一从业的工作态度,一旦从事粤菜烹饪,就会全心全意地投入钻研粤菜烹饪技艺及弘扬粤菜饮食文化的工作中去,把自己一生都奉献给粤菜烹饪事业,日积月累,最终实现粤菜师傅向粤菜大师的升华。这种把一份普通工作当作毕生的事业去从事的态度,正是我们常说的敬业精神。在任何时候,老一辈粤菜师傅都会怀有把自己的掌握技能与行业的发展连在一起,把为行业发展贡献一份力量作为自身奋斗不息的目标,时刻把不因技艺欠精而给行业拖后腿作为激励自己及带动行业发展的动力。这份对所从事职业的情怀与敬畏值得后辈粤菜师傅不断地学习,也只有喜爱并敬畏烹饪行业,才能够全身心投入学习,才能够勇攀高峰,才能够把烹饪作为事业并为之奋斗。

2. 学习粤菜师傅对工艺的专注度

老一辈粤菜师傅除了具有敬业的精神之外,对菜品制作工艺精益求精的执着追求也值得后辈粤菜师傅学习。他们不会将工作浮于表面,不会做出几道"拿手"菜肴就沾沾自喜,迷失于聚光灯之下。他们深知粤菜师傅的路才刚刚开始,粤菜宝库的门才刚刚开启,时刻牢记敬业的初心,埋头苦干才能享受无上的荣耀。须知道,每一位粤菜师傅向粤菜大师蜕变都是筚路蓝缕,没有执着的追求,没有坚定的信念,没有从业的初心是永远没有办法支撑粤菜师傅走下去的,甚至还会导致技艺不精,一事无成。只有脚踏实地、牢记使命、精益求精才是检验粤菜大师的试金石,因

师傅授艺

为在荣耀背后是粤菜大师无数日夜的默默付出,这种执着不是一般粤菜师傅能够体会到的。因此,必须学习老一辈粤菜师傅精益求精的执着态度,这也是工匠精神的精髓。

3. 传承粤菜独树一帜的文化

粤菜文化具有丰富的内涵,是南粤人民长久饮食习惯的沉淀结晶。广为流传

的广府茶楼文化、点心文化、筵席文化、粿文化、粄文化，还有广东烧腊、潮式卤味等，都成了粤菜文化具有代表性的名片，是由一种饮食习惯逐步发展成文化传统。只有强大的文化根基，才能够支撑菜系不断地向前发展，粤菜文化是支撑粤菜发展的动力，同时也是粤菜的灵魂所在，继承和弘扬粤菜文化对于新时代粤菜师傅尤为重要。经过历代粤菜师傅的不懈努力，"食在广州"成了粤菜文化的金字招牌，享誉海内外，这是对粤菜的肯定，也是对粤菜师傅的肯定，更是对南粤人民的肯定。作为新时代的粤菜师傅，有义务更有责任把粤菜文化的重担扛起来，引领粤菜走向世界，让粤菜文化发扬光大。

4. 传承粤菜传统制作工艺

随着时代的发展，各菜系之间的融合发展越来越明显，为了顺应潮流，粤菜也在不断推陈出新，粤菜新品层出不穷，这对于粤菜的发展起到很好的推动作用，唯有创新才能够永葆活力。粤菜师傅对粤菜的创新必须建立在坚持传统的基础上，而不是对粤菜传统制作工艺的全盘否定而进行的胡乱创新。粤菜传统制作工艺是历代粤菜师傅经过反复实践总结出来的制作方法，是适合粤菜特有原材料的制作方法，是满足南粤人民口味需求的制作方法，也是粤菜师傅集体智慧的结晶，更是粤菜宝库的宝贵财富。新时代粤菜师傅必须抱着以传承粤菜传统制作工艺为荣，以颠覆粤菜传统为耻的心态，维护粤菜的独特性与纯正性。创新与传统并不矛盾，而是一脉相承、相互依托的，只有保留传统的创新才是有效创新，也只有接纳创新的传统才值得传承，粤菜师傅要牢记使命，以传承粤菜传统工艺为己任。

糯米酥鸡

总之，粤菜师傅的学习过程是一个学习、归纳、总结交替进行的过程。正所谓"千里之行始于足下，不积跬步无以至千里"，只有付出辛勤的汗水，才能够体会收获的喜悦；只有反反复复地实践，才能够获得大师的精髓；只有坚持不懈的努力，才能够感知粤菜的魅力……通过潮式风味菜粤菜师傅的学习，相信能够帮助你寻找到开启粤菜知识宝库的钥匙，最终成为一名合格的潮式风味菜粤菜师傅。让我们一起走进潮式风味菜的世界吧，去感知潮式风味菜的无限魅力……

二、潮式风味通用菜

（一）水产类

油泡鲜鱿

名菜故事

油泡鲜鱿是一道著名的潮汕风味菜，其营养价值高。此菜用真珠花菜叶炸油后做盘围，鱿鱼经麦穗花刀处理，成菜美观，肉质洁白，加上料头红椒末及金黄色蒜米的陪衬下，色彩鲜艳，引人食欲大增。

烹调方法

油泡法

风味特色

爽脆香滑，滋味浓郁

原材料

- **主副料** 鲜鱿鱼（去头）500克，真珠花菜叶100克
- **料　头** 蒜头末100克，红椒末10克
- **调味料** 味精3克，花生油1000克（耗油150克），精盐6克，胡椒粉0.5克，芝麻油2克，淀粉水40克

工艺流程

1. 将鲜鱿初步加工后放在砧上，直刀切（切3/4深），距离要均匀，再用斜刀切成花芽（麦穗形），改成三角形盛起待用。

2. 蒜头肉剁成米状，真珠花菜摘叶，洗净、沥干。

3. 鼎下花生油至五成左右油温，把真珠花菜叶下鼎炸成翠绿色捞起放在盘中围成圆形（或鹅蛋形），将鲜鱿用精盐少许抓匀后，拌上淀粉水后下鼎中划油后倒起。

4. 把蒜头米放在鼎中炒至金黄色盛在料碗中，加入红椒末，倒入碗芡（由味精、精盐、胡椒粉、芝麻油、少许淀粉水兑成），加入鲜鱿翻炒后盛入围有真珠花菜叶的盘中即可。

知识拓展

油泡是潮州菜中一种常见的烹调方法，关键是掌握好火候、油温，勾糊恰当。油泡菜肴的勾糊标准是"有糊不见糊流、色鲜而匀滑、不泻油、不泻糊"。油泡主料选择性较广，如油泡螺球、油泡鱼球等。

技术关键

1. 刀距处理均匀，深度3/4。
2. 掌握好鱿鱼拉油的油温，拉油后要把鼎里余油沥干。
3. 碗芡味料与粉水搅拌均匀。

老式炊鱼

名菜故事

炊，古代作"蒸"。宋仁宗时，讳其赵祯之名，凡蒸的都改作炊。元明以后，许多地方复改炊为蒸。但潮汕方言却一直作"炊"不变。此品是带料炊熟的菜肴，具有潮汕独特的风味。

烹调方法

炊法

风味特色

味美肉嫩，清鲜可口

知识拓展

中国重要淡水养殖鱼类品种很多，常见的为"四大家鱼"，草鱼是国内最大宗的淡水养殖鱼类。

原材料

主副料	鲜草鱼肉1000克，肥猪肉100克
料 头	香菇10克，咸菜20克，姜5克，红辣椒2.5克，芹菜50克
调味料	芝麻油2克，胡椒粉1克，精盐10克，味精5克，花生油50克，湿淀粉少许

工艺流程

1. 将鲜草鱼肉去鳞洗净，用洁布吸干鱼身内外水分；将姜、肥猪肉、香菇、咸菜、红辣椒、芹菜等切丝，将料丝加入适量精盐、味精、芝麻油、胡椒粉、湿淀粉腌制待用。

2. 在鱼肉抹上精盐，并在鱼肉上铺上腌制好姜丝、肥猪肉丝、香菇丝、咸菜丝、红辣椒丝、芹菜丝。将铺好料的鱼肉放进蒸笼以猛火炊熟后取出，然后烧鼎热油后，将热油淋在鱼上即成。

技术关键

1. 掌握好刀工切配技法。
2. 控制好炊鱼的火候时间。

黄瓜炒虾球

名菜故事

黄瓜富含蛋白质、糖类、维生素B_2、维生素C、维生素E、胡萝卜素、钙、磷、铁等营养成分，是不可多得的美容佳品，搭配上鲜虾球，更是鲜甜可口。此菜要趁热食用，以突出质地的爽脆及鲜甜可口。

烹调方法

拉油炒法

风味特色

鲜嫩爽滑，味道可口

知识拓展

辅料如无黄瓜，可用西芹或竹笋、芦笋等代替。虾的质量鉴别：新鲜的虾，壳与肌肉之间粘得很紧密，用手剥取虾肉时，需要稍用一些力气才能剥掉虾壳；新鲜虾的虾肠组织与虾肉也粘得较紧；虾壳须硬，色青光亮，眼突，肉结实，味腥的为优。

原材料

主副料 鲜虾仁250克，黄瓜250克

料　头 湿冬菇15克，葱度20克，红椒10克

调味料 精盐2克，味精2克，胡椒粉0.5克，芝麻油1克，淀粉30克，花生油1000克（耗油50克）

工艺流程

1. 用刀在虾背上片一刀，去肠；湿冬菇、红椒均切角；黄瓜开切四半，去瓜瓤后切段状。

2. 精盐、味精、白砂糖、胡椒粉、芝麻油和淀粉加少量水和匀调成碗芡。

3. 烧鼎下花生油至120℃，黄瓜段泡油至熟捞起，虾下精盐、味精拌均匀后上浆，待油温近五成（150℃）左右下虾泡油至熟倒起。

4. 原下冬菇角、红椒角、葱度略炒后加入黄瓜、虾仁、碗芡炒匀后下包尾油起鼎装盘即成。

技术关键

1. 黄瓜泡油不能过熟。
2. 虾仁泡油要控制好油温，确保爽口。
3. 碗芡调制要准确。

二、潮式风味通用菜

咸菜煮麻鱼

名菜故事

鳗鱼在汕尾称为麻鱼，麻鱼是潮汕地区常用于家常菜烹调原料。汕尾盛产麻鱼，常见的做法就是用咸菜来焖煮，《潮菜天下》就有提到这道"带春的麻鱼咸菜"。文中还提到，此菜是一种潮汕乡土菜肴，在外点上一份潮汕渔家的麻鱼咸菜，如果里面缺少白色的鱼春，这个菜就难称正宗。

烹调方法

煮法

风味特色

汤清味鲜，肉嫩软滑

原 材 料

- **主副料** 麻鱼500克，潮州咸菜1小包
- **料　头** 蒜头2个，姜5克，西红柿50克，芹菜10克
- **调味料** 精盐3克，味精2克

工艺流程

1. 麻鱼洗净切小块，咸菜切小块，西红柿去籽切小块，姜切片，蒜头切半，芹菜切段。
2. 炒鼎中火加热，下油，放入姜片、蒜头炒香，再放入麻鱼块煎一下，差不多六七成熟，放入咸菜、西红柿、芹菜、精盐、味精，加半碗水，盖上盖子，煮到收汁即可。

技术关键

1. 咸菜如果太咸，煮前需要泡水。
2. 西红柿、咸菜与芹菜要慢下。

知识拓展

俗称麻鱼的海鳗，与其他鳗鱼不同，海鳗是我国的重要经济鱼类，沿海各地都有出产。海鳗鱼鳔的干制品称为"鳝肚"，属于高档的补品。

炸凤尾虾

名菜故事
炸凤尾虾是潮菜的传统名菜，虾肉味道鲜美，营养丰富，钙的含量为各种动植物食品之冠，特别适宜于老年人和儿童食用。

烹调方法
炸法

风味特色
外壳酥香，虾肉鲜嫩

知识拓展
脆浆换成蛋液跟面包糠，可制作炸吉列虾，虾的刀工处理跟炸凤尾虾相同，用同样调料腌制，腌制后的虾拍上一层薄面粉后拖蛋液上面包糠，虾在油鼎中炸熟。

原材料

- **主　料**　对虾400克
- **料　头**　姜10克，葱10克
- **调味料**　自发粉150克，精盐10克，味精5克，胡椒粉5克，芝麻油3克，绍酒5克，花生油1000克（耗油100克），甜酱（或橘油）1碟

工艺流程

1. 将虾去头、壳，留尾，洗净晾干后，在虾背部片开去掉虾肠，然后在虾身上略划刀纹，放在盘中，加入拍碎的姜、葱、精盐、味精、绍酒、胡椒粉、芝麻油，腌制15分钟左右。
2. 自发粉倒入碗中，加入清水和匀成糊状，加入10克花生油拌匀待用。
3. 鼎下花生油加热至四成油温，虾逐只裹上自发粉糊放入油中炸至浅金黄，升高油温后捞起装盘，配上甜酱（或橘油）酱碟即成。

技术关键

1. 在虾身上略划刀纹，受热后才不致弯曲。
2. 自发粉调浆时稠稀度要适中。
3. 要控制好油温，以防脱糊。
4. 捞起之前要适当提高油温，防止成品含油。

酸甜玉米鱼

名菜故事

酸甜玉米鱼是一道色香味俱全的传统名菜。酸甜味主要是用糖和醋组合，也是中国各大菜系中传统的调料之一。糖是人体产生热量的主要物质；醋当中也含有醋酸，有刺激性。两者结合有开胃的功效，深得大众喜爱。再将鱼肉运用刀工技术进行改刀，使得菜品造型更加完美。

烹调方法

炸法

风味特色

造型美观，形状玉米，酸甜酥香

技术关键

刀距处理要均匀，深度2/3。拍粉要均匀。

知识拓展

鱼经过改变刀法可制作成松鼠鱼、菊花鱼。

原材料

主副料	草鱼肉（鲩鱼）两大片约450克，白菜头2棵
料头	姜片10克，葱15克
调味料	淀粉100克，酒5克，白砂糖120克，白醋50克，番茄汁50克，精盐2克，芝麻油5克，花生油1000克（耗油100克）

工艺流程

1. 将草鱼肉洗净，鱼皮放在砧板面，用刀在肉上先垂直划几刀，每刀行距约1.2厘米，再用横刀划同等距离，然后用葱、姜、精盐、酒腌制约5分钟待用。

2. 将白菜头用开水滚过捞起待用，鼎烧热，放入花生油，油温热至200℃时，把鱼肉蘸上生粉放入油炸，炸至金黄色捞起，摆于盘中，再把白菜头插放在鱼肉较大的一方，形成玉米形状。

3. 把白醋、白砂糖、番茄汁放入鼎内煮滚，用淀粉打芡，再加入芝麻油搅匀，淋在玉米鱼身上即成。

（二）家禽家畜类

生炒鸡球

名菜故事

生炒鸡球是潮汕地区一道特色菜肴，也是一道乡村美味的家常菜。选用走地鸡做主料，肉质鲜甜、爽口，与冬笋肉、湿冬菇配合，营养丰富，广受欢迎。鸡肉的蛋白质含量比例较高，而且消化率高，很容易被人体吸收利用，有增强体力、强壮身体的作用。另外，含有对人体生长发育有重要作用的磷脂类。

烹调方法

炒法

风味特色

入口爽滑，味道清香

知识拓展

如果没有冬笋肉，也可以用荷兰豆或黄瓜、西芹等原料来代替。鸡球也可以做出油泡鸡球、川椒鸡球等。

原材料

主副料 鸡肉400克，冬笋肉150克

料　头 湿冬菇20克，葱度10克，红辣椒片5克

调味料 味精3克，花生油1000克（耗油100克），绍酒2克，淀粉5克，芝麻油2克，鱼露10克

工艺流程

1. 使用花刀法把鸡肉切成横直花纹，然后再切成每块4厘米左右的块，加入味精、鱼露、绍酒拌匀后，再加入淀粉，拌匀待用。湿冬菇、冬笋肉切片。

2. 把拌过的鸡肉下鼎中用温油熘炸约2分钟捞起，然后用旺火把鸡肉及料头放下鼎中快炒，加入调味料及淀粉，再加入芝麻油及包尾油推匀盛盘即成。

技术关键

1. 鸡球大小刀工处理要均匀。
2. 鸡球上浆要均匀。
3. 掌握好鸡球泡油温度并泡至仅熟。

炒沙茶鸡丝

名菜故事

潮汕地区产的沙茶酱营养丰富、香辣可口，品质纯正，食用方便，具有南国风味。此菜选用鸡肉，加上笋丝、胡萝卜、青椒、冬菇做副料，色泽鲜艳，加上沙茶酱，味道鲜美可口，是潮汕地区常用家常菜之一。

烹调方法

炒法

风味特色

香嫩、脆爽，略带香辣味

技术关键

1. 鸡丝刀工处理要均匀。
2. 掌握好鸡丝泡油温度并泡至仅熟。

知识拓展

此菜可以变换调味，做适合口味的菜肴。

原材料

- **主副料** 鸡胸肉300克，鸡蛋1个
- **料　头** 青椒100克，笋肉50克，胡萝卜50克，湿冬菇50克
- **调味料** 沙茶酱50克，精盐2.5克，味精2.5克，苏打粉1克，绍酒10克，芝麻油1克，淀粉25克，上汤75克，猪油750克（耗油100克）

工艺流程

1. 将鸡胸肉、青椒、笋肉、胡萝卜、湿冬菇均切成约4厘米长的丝，把鸡丝盛在碗内，用精盐、鸡蛋清、苏打粉、淀粉一起拌均匀待用。

2. 烧热炒鼎倒入猪油，待油烧至约180℃时，把调好的鸡丝下鼎熘炸一下倒入笊篱，趁鼎热将已切好的青椒、笋肉、湿冬菇、胡萝卜等倒入，放少许油略炒一下，烹入绍酒，放入沙茶酱，再炒几下加入上汤、味精、精盐。

3. 将鸡丝倒下搅和后，即用淀粉勾芡推匀，淋入芝麻油，再颠翻几下，装盘即成。

炸芙蓉肉

名菜故事
在潮汕地区以面粉和蛋调出的浆，习惯称为"芙蓉浆"。此菜以肉为主料，蘸上芙蓉浆炸成，故称炸芙蓉肉。

烹调方法
炸法

风味特色
肉质酥香，其味甚佳

知识拓展
调制脆皮浆要领：水量要合适；不能调出面筋，否则影响起发；不能有粉粒；使用前要搅匀。

原材料

主副料 瘦猪肉250克，面粉150克，鸭蛋2个，清水120克

调味料 花生油750克（耗油100克），精盐5克，葱10克，酒5克，川椒末2克，味精5克，泡打粉3克，淀粉25克

工艺流程

1. 将瘦猪肉用刀片薄，先花刀后切成菱形，腌上精盐、味精、酒、葱、川椒末待用。
2. 把鸭蛋磕开用碗盛起，掺入面粉、淀粉、泡打粉和清水用竹筷拌匀成浆，再加入花生油25克，搅匀成脆皮浆。
3. 炒鼎放入花生油，候油热时将腌好的瘦猪肉逐片沾上脆皮浆下油鼎炸至酥脆，捞起盛在盘中，盘边拼酸甜萝卜即成。上菜时配上甜酱碟。

技术关键

1. 调脆皮浆时稀稠度要适中。
2. 控制好油温，以防脱糊。

干炸果肉

名菜故事

干炸果肉是潮汕地区的一道传统菜肴，其烹制过程的要求较为严谨，主要是在选用材料、调配味道、制作、炸制等方面都需采用传统的烹调技法进行。选用猪网油包裹，有不可替代的特殊香味，可以增进人们的食欲。

烹调方法

炸法

风味特色

味道酥香

技术关键

1. 卷成长圆条时要注意卷扎严实。
2. 炸制的时候需要注意把握好火候，中途要适应浸炸。

知识拓展

制作此菜肴时，如无马蹄，即可用沙葛代替。

原 材 料

主副料 猪前胸肉400克，马蹄200克，鸭蛋1只，猪网油200克，熟麻仁10克，瓜碧25克

料　头 生葱200克

调味料 精盐15克，芝麻油15克，五香粉15克，白砂糖15克，淀粉100克，绍酒5克，花生油1000克（耗油100克）

工艺流程

1. 先把猪前胸肉、荸荠、生葱、瓜碧用刀分别切成细丝条状沥干，加入鸭蛋、白砂糖、精盐、芝麻油、五香粉、熟麻仁、绍酒等和淀粉50克一起拌匀。

2. 将猪网油漂洗干净展开，放入拌好的肉料卷成长圆条形状，用刀切成3厘米左右长的块状，再将块状物料的两头蘸上干粉成果肉块，待用。

3. 炒鼎上火，放进花生油烧热，将果肉块放下鼎中用热油炸至金黄色熟透即成。

苦笋炒板筋肉

名菜故事

宋代文学家苏轼称赞苦笋"待得余甘回齿颊，已输岩蜜十发甜"；宋代另一位文学家陆游还亲自烹制苦笋，有诗曰："薏实炊明珠，苦笋馔白玉……山深少精盐酪，淡薄至味足。"中医认为，苦笋味甘、微苦，性寒，有清热利尿、活血祛风的功效，可治风湿、食积、咳嗽、疮疡等症。在揭西地区盛产苦笋，用苦笋炒板筋肉是一道家常风味菜，深受广大顾客喜爱。

烹调方法

炒法

风味特色

苦笋鲜嫩爽口，板筋肉软糯可口，两者搭配相得益彰。

知识拓展

苦笋含丰富的纤维素，能促进肠蠕动，从而缩短胆固醇、脂肪等物质在体内的停留时间，故有减肥和预防便秘等功效。

原材料

主副料 板筋肉200克，苦笋300克，酸菜50克

调味料 精盐5克，味精3克，淀粉20克，芝麻油1克，花生油100克

工艺流程

1. 板筋肉切成条状，加入少量精盐、味精、淀粉腌制备用。

2. 苦笋斜刀切片，先漂水10小时，去掉苦涩味。

3. 板筋肉先下油鼎中泡油至刚熟即捞起沥干油，鼎中留少量油，下苦笋、酸菜翻炒，至苦笋差不多熟的时候放入板筋肉，混合在一起翻炒，加入精盐、味精、芝麻油，继续翻炒均匀，下包尾油装盘即可。

技术关键

板筋肉拉油时油温不能太高，板筋肉变色即可捞起。

（三）蔬果类

八宝素菜

原材料

主副料 白菜750克，胡萝卜50克，湿冬菇15克，熟笋尖50克，发菜5克，腐竹50克，草菇25克，面筋25克，猪肚250克

调味料 上汤400克，味精5克，芝麻油3克，淀粉10克

工艺流程

1. 将白菜洗净切段，胡萝卜切成角尖形，草菇、发菜泡水洗净待用。

2. 把白菜、笋尖、腐竹、胡萝卜、面筋放进鼎里用温油熘炸过捞起，逐样放在鼎里和入味料、上汤，加入冬菇、发菜、草菇，盖上猪肚，约炊30分钟取出（先旺火后慢火），逐样砌进碗里。上菜时倒翻过盘，用原汤和薄淀粉水勾芡淋上即成（发菜要放在碗中间）。

名菜故事

据说清代康熙年间，当时曾在潮州府城开元寺举办一次厨艺大比试，参加比试的均为在潮汕地区寺庙主理厨政的厨子。在比试中便有烹制八宝素菜这一项内容。

在参赛的众多厨子中，有一

位在意溪别峰寺任主厨的厨子十分聪明，他深谙八宝素菜一定要用肉类去焖炖，素和荤结合起来，味道便浓郁无比，否则便清淡无味。但这次比试是佛寺内的比试，比试时是绝对不能携带肉类的东西进开元寺的。在比试的前一天，他在自家中先用老母鸡、排骨、赤肉熬了浓浓一锅汤，然后把一条洗干净的毛巾放进锅中煮，再把毛巾晾干。第二天比试的时候，他把这条毛巾披在肩上，手提竹篮，篮中盛着莲子、香菇、冬笋、白菜等。开元寺把门的和尚检查了他篮中的东西，没有发现有肉类的东西便放他进去。开始烹制八宝素菜这道菜时，这位厨子便把肩上的毛巾放进锅中煮片刻，让毛巾中的肉味全溶解到锅中再把毛巾取出。结果这位厨子烹制的这道八宝素菜获第一名。

烹调方法
焖法

风味特色
色彩美观，香滑可口，质感顺滑、香味浓郁

技术关键
1. 原料处理成形要均匀。
2. 焖的过程要注意原料的投料次序，确保原料成熟一致。
3. 原料砌入扣碗要整齐、紧凑。
4. 肉料分量要足够，确保质感顺滑，香味浓郁。

知识拓展
八宝素菜制作关键是素菜荤做，素菜荤做是潮州菜的一大特色。而此菜采用多种蔬菜与肉类同焖而成，使其达到"有味使之出，无味使之入"的境地，是素菜荤做的代表作。

玉枕白菜

名菜故事

玉枕白菜的别名是"寸金白菜",是20世纪80年代备受大众推崇的传统潮州名菜。顾名思义,其大小只有一寸。该菜是用嫩白菜叶包肉馅儿,故吃起来菜皮嫩滑,肉馅清香,造型美观,是潮州菜筵席常见菜肴。玉枕白菜形似方枕,色如碧玉,软滑鲜嫩。

烹调方法

炸法、焖法

风味特色

软滑鲜嫩,肉馅浓香,造型美观

知识拓展

白菜其性微寒,有清热除烦、解渴利尿、通利肠胃、清肺热之效。

原 材 料

- **主副料** 白菜500克,瘦猪肉150克,虾肉150克,马蹄粒1克,湿冬菇15克,方鱼末10克,鸡蛋3个
- **调味料** 花生油500克(耗油100克),味精5克,精盐3克,胡椒粉0.5克,淀粉10克

工艺流程

1. 将白菜瓣取出软叶(外瓣不用),泡过开水,漂过清水后晾干。
2. 将瘦猪肉、虾肉切成粗粒剁成蓉,掺入马蹄粒、湿冬菇、方鱼末和调味料,与淀粉水拌匀捏成20个肉馅待用。
3. 将白菜瓣展开撒上干淀粉,把肉馅放在菜叶上面,包成3厘米长方形小枕包,蘸上蛋液,在油鼎里熘炸3分钟,沥干油分。再焖10分钟取出砌在盘里,把原汤勾芡淋上即成。

技术关键

包成玉枕包的形状大小要均匀。

珠瓜煎蛋饼

名菜故事

珠瓜也称苦瓜，苦瓜性苦甘，加入蒜蓉和鸡蛋一起煎制，能使菜品达到鲜绿带金黄，甘香鲜爽，是夏季最佳菜肴。

烹调方法

煎法

风味特色

鲜绿微甘，绵爽香醇

技术关键

1. 掌握运用技法。
2. 漂洗压干苦汁。
3. 爆香料头。

知识拓展

苦瓜，广府人称为凉瓜。

原材料

- **主副料** 珠瓜（苦瓜）500克，鸡蛋4个
- **料　头** 蒜头30克
- **调味料** 精盐10克，鱼露10克，味精5克，芝麻油5克，花生油75克

工艺流程

1. 将珠瓜洗净，直切对半，用汤匙把籽挖净，用刀顺瓜的横度切成薄片，用大碗盛着加入精盐搅拌均匀，静置10分钟后用手压干苦汁，然后用清水漂洗，连续3次，再压干待用。

2. 蒜头用刀拍破，再剁碎剁成蓉。鸡蛋打破后将蛋液盛在碗中，加入芝麻油，用竹筷搅拌均匀待用。

3. 烧鼎下花生油，先把蒜蓉放进鼎内炒香，再把珠瓜片放入炒熟，加入鱼露、味精调味。

4. 珠瓜片拨在鼎边，加入花生油，将鸡蛋液倒入，再将珠瓜片拨到蛋液中间，稍搅均匀抹成张，将整张瓜蛋翻转煎至双面呈金黄色即成。

（四）甜菜类

炸高丽肉

名菜故事

高丽肉又有称为"高里肉""高力肉"，都是以肥猪肉作为主料来制作的。其中的高丽肉与膀方酥都是潮汕地区较受欢迎的风味产品，都使用肥猪肉切成薄片，然后用白砂糖腌制成冰肉，但在夹馅方面有所不同，膀方酥是夹绿豆沙馅，高丽肉是夹糖瓜片和老香黄。

烹调方法

炸法

风味特色

香甜酥脆，肥而不腻

原材料

主副料 肥猪肉250克，糖冬瓜片50克，橘饼40克，老香黄30克，花生仁25克。

调味料 自发粉120克，淀粉10克，白砂糖300克，白芝麻20克，白糖粉100克，花生油1000克（耗油125克）。

工艺流程

1. 将肥猪肉用刀切成每片约高度2厘米、宽度5厘米、厚度2毫米的两片相连的薄片（即用飞刀的刀法处理），共切成24件。

2. 用大碗盛着白砂糖，把每件肥肉片内外蘸上白砂糖。然后逐件摆砌进另一餐盘，摆砌整齐并压实，大约用200克白砂糖，剩余的白砂糖100克另用。

3. 把花生仁、白芝麻分别炒香，再将花生仁剥去外膜，然后同白芝麻一起用万能食品搅拌器搅碎，盛入大碗掺入白糖粉搅拌均匀候用。把已腌过的糖的肥肉用开水冲掉白糖粉（糖溶化，使肥猪肉见透明度为止，这时已制成冰肉），用笊篱捞着，沥干水分。

技术关键

1. 腌制肥猪肉时要腌24小时，否则会影响爽脆。
2. 做脆皮浆时要浓稠适度，太稀或太糊都会影响质地。

知识拓展

脆浆炸菜式的质量标准是起发好，表面圆滑、疏松，眼细且均匀，色泽金黄，耐脆，无酸或苦涩味。

4. 用刀把冰肉的周围修整齐，同时将橘饼、老香黄、糖冬瓜片分别切成24片，夹在每件冰肉的中间，用手稍压实待用。

5. 将自发粉盛碗内，加入清水200克、花生油5克，搅拌均匀成为脆皮浆待用。再将炒鼎洗净烧热，倒入花生油，候油热至约180℃时，将每件冰肉分别蘸上脆皮浆，放进油内炸，炸至呈金黄色捞起，用餐盘盛着，便成高丽肉。

6. 剩下的白砂糖加入清水80克煮滚后，用清水把淀粉开稀，勾入糖水中，然后淋在高丽肉的面上，再撒上花生芝麻糖粉即成。

糕烧白果

名菜故事

白果为银杏的种子，分药用白果和食用白果。食用白果可以抑菌杀菌、祛疾止咳、抗涝抑虫、止带浊和降低血清胆固醇。另外，白果可以降低脂质过氧化水平，减少雀斑，润泽肌肤，美丽容颜。配以糖、橘饼进行烧制，别有一番风味。

烹调方法

糕烧法

风味特色

甜润，香郁

原材料

主副料 白果750克，肥猪肉75克，橘饼50克
调味料 白砂糖700克

工艺流程

1. 将白果放进锅内加入清水煮滚，再将白果打破去壳，逐粒用刀切半，放进鼎里用开水泡过捞起，脱膜、浸冷水，反复漂洗几次，漂至白果膜去掉为止。使白果的苦汁去净后捞起沥干水分，盛在锅里，撒上白砂糖腌约1小时，加适量清水置炉上用慢火煮约30分钟。

2. 将肥猪肉切粒用开水泡过，腌上白砂糖100克，再把橘饼切成细粒，加入白果内拌匀，再放进炒鼎，收汤盛起即成。

技术关键

白果心要去净，以免产生苦味。

知识拓展

白果一定要熟食，不宜多吃。

返沙香芋

名菜故事

返沙是潮州菜烹调方法之一，返沙主要是白砂糖熬成糖浆后，经稍翻糖浆变白时，把已炸好成熟的物料倒入鼎内，用鼎铲反复翻动，使物料全粘上糖沙，且糖沙变白色即成。此菜的物料是潮汕的粉芋制成的。

烹调方法

返沙法

风味特色

酥香，松甜

知识拓展

可制作返沙地瓜。

原 材 料

主副料 刨芋头750克，葱珠15克，花生仁末25克

调味料 花生油500克（耗油150克），白砂糖400克

工艺流程

1. 将芋头切成长6厘米、宽2.5厘米的条状，把炒鼎洗净上火，放入花生油，油温热至约180℃时把芋头放入鼎里，炸至金黄色（要炸熟）捞起。

2. 将葱珠倒入鼎里炒香，加入白砂糖和少许清水，把糖煮成甘（即糖浆滚至出现大白气泡时）后，将炸好的芋块、花生仁末一起倒入鼎内，把鼎端离火炉，再用鼎铲边铲边用扇扇冷，至糖变成干白即成。

技术关键

1. 熬糖时一定要结合气候季节，掌握熬糖情况。
2. 返沙时鼎铲不能翻得太频繁，否则物料未能完全粘上糖沙，影响质量。

潮式风味菜烹饪工艺

炸来不及

名菜故事

据说明末清初,潮州意溪有一陈姓富户,一日正午从省城来了一位往年同往京城赶考的朋友,匆促中急忙招呼家厨准备午宴。家厨杀鸡宰鸭之后,嫌菜肴太少,但家中离市场太远,去到市场也恐怕已收市,此时家园中的香蕉正是收获时节。家厨见状,灵机一动,便割下香蕉,略为加工,烹制出一道香喷喷的菜肴来。这道菜外酥内嫩,香甜可口,客人从未吃过这样的菜,品尝之后,赞不绝口,忙问主人这道菜的名称。主人也不清楚,便把家厨唤来询问。家厨便如实说是因为来不及到市场购买肉菜,见到园中有香蕉,便就地取材,临时烹制出来的。客人听了,哈哈大笑,说:"来不及,来不及,就把这道菜称为'来不及'吧!"

烹调方法

炸法

原 材 料

- **主副料** 香蕉6个(约500克),鸡蛋1个,淀粉50克,橘饼50克,面粉75克,糖冬瓜片50克,熟白芝麻15克,泡打粉5克
- **调味料** 白砂糖100克,粉糖粉50克,花生油750克(耗油75克)

工艺流程

1. 把香蕉去皮,切掉头尾,将每个切为4段,除去蕉心中间的肉,再把橘饼、糖冬瓜片都切成条(要和香蕉段的长度相等),在香蕉段中间夹入橘饼、糖冬瓜片各1条待用。

2. 把鸡蛋去壳,加入面粉、淀粉、泡打粉和清水80克拌匀成糊状。

3. 烧热炒鼎,放入花生油,待油温约180℃时,把香蕉段放入蛋面糊内拖一拖后,逐个下油鼎炸至每只浮出油面呈金黄色时,捞起盛入餐盘。

风味特色

外酥内嫩，口味香甜

知识拓展

香蕉是淀粉质丰富的有益水果。味甘性寒，可清热润肠，促进肠胃蠕动，但脾虚泄泻者却不宜。

4. 把白砂糖100克加清水50克，下鼎溶成糖浆淋上，再把粉糖粉和熟白芝麻拌匀，撒在上面即成。

技术关键

1. 调制脆炸糊要注意浓稠度。
2. 香蕉裹上脆炸糊要均匀。

（五）其他类

沙茶牛肉炒粿条

名菜故事

沙茶起源于南洋，创新于潮汕。在南洋的潮汕人将"沙爹"带回家乡，对其进行改良，形成潮汕地区独特的调味品，因在潮汕话中，"茶"与"爹"谐音，故潮汕人将这种新的酱料称为沙茶酱。沙茶与牛肉搭配一起烹制可谓是绝妙的搭配，打造出让人念念不忘的口味。

烹调方法

炒法

风味特色

质感软嫩，香气浓郁

原 材 料

主副料 粿条400克，牛肉100克，芥蓝100克

调味料 鱼露8克，鸡精8克，沙茶酱20克，生抽10克，蚝油10克，淀粉5克，花生油50克，精盐适量

工艺流程

1. 牛肉切薄片后加点花生油先拌匀后，再加点淀粉和精盐，腌制5分钟。
2. 芥蓝洗净切小段，待用。
3. 热鼎下油，把油烧至六成热，将牛肉倒下去拉油至断生后捞出。
4. 鼎里留油，放入芥蓝炒软，倒入粿条快速炒散，再加入调味料翻炒，最后加入牛肉翻炒均匀即可。

技术关键

1. 要控制火候，牛肉拉油至断生就好，否则牛肉会老化，影响质感。
2. 炒粿条要用炒煎，不可过多翻动，以免炒碎。

知识拓展

牛肉含有丰富的蛋白质，氨基酸组成比猪肉更接近人体需要，能提高机体抗病能力。寒冬食牛肉，有暖胃作用，为寒冬补益佳品。

普宁炒面线

名菜故事

普宁炒面线也常叫作潮汕长寿面，寓意长寿吉祥，是广东普宁特有的汉族传统美食之一。每逢年过节或生辰喜诞举行盛宴，也少不了炒面线。用面线作礼品送给亲朋，虽不算是厚礼，但也可算作是心意了。

烹调方法

炒法

风味特色

味道咸香，质感柔韧

知识拓展

普宁面线与碱水面的区别是碱水面通常不加盐，而普宁面线加盐，质感上比碱水面略有韧劲。

 原材料

主副料　普宁面线500克，韭菜100克
料　头　胡萝卜20克
调味料　精盐5克，猪油100克

工艺流程

1. 烧一锅开水，把普宁面线放入开水锅里飞水，下面后用筷子快速搅匀，让面线充分浸泡开水后马上捞出，迅速过一遍凉水，并沥干水分，待用。

2. 韭菜洗净后切寸长；胡萝卜切成丝飞水，漂凉，沥干待用。

3. 起锅下油放入普宁面线翻炒，用筷子挑送，让面线不打团。炒约3分钟后，加油下韭菜、胡萝卜丝、精盐，翻炒均匀，刚熟即可。

技术关键

普宁面线要用飞水，避免面线太咸。

三、潮式地方风味菜

（一）水产类

红焖明皮

名菜故事
粤菜经典名菜之一，因其色泽明亮，味道鲜美，浓香软滑，富有胶质，而受到广大美食爱好者的青睐。

烹调方法
红焖法

风味特色
浓香软滑，偶有胶质

技术关键
1. 明皮腥味较重，一定要用姜、葱、酒滚过。
2. 明皮因富含胶质，故在下鼎收汤时要特别注意，避免烧焦。

知识拓展
明皮可换成龟裙成为红焖龟裙。

原材料

主副料：发好明皮（沙鱼皮）750克，香菇25克，虾米25克，猪肚500克

料　头：北葱50克，姜10克

调味料：猪油50克，二汤1000克，绍酒5克，酱油10克，味精5克，芝麻油0.5克，胡椒粉0.5克

工艺流程

1. 将发好的明皮切为日字块状（5厘米×2.5厘米）放入炒鼎下猪油，投入姜、北葱、绍酒炒过，再放清水滚过后，取出倒入笊篱，再用清水漂凉后，沥干水分待用。

2. 将明皮、香菇下鼎，加入二汤，将猪肚切为四块盖在上面，放下酱油、味精，先旺火后转慢火，焖30分钟后，取去猪肚。

3. 将北葱切节（3厘米×1厘米），下鼎用猪油炸至金黄色捞起。

4. 将焖过的明皮，加入虾米、北葱下鼎再焖5分钟，调咸淡，使其收汤入味，有黏质时，加入芝麻油，胡椒粉即成。

红焖白鳝

名菜故事

白鳝潮汕地区称乌耳鳗。是一种热带性海水鱼类，栖息于内河浅水，皮色比较浅，通常称为白鳝。红焖白鳝用猪肚肉、蒜头与之同焖，嫩滑香浓，冬季食之最佳，是潮汕地区传统名菜。

烹调方法

红焖法

风味特色

浓香爽滑

知识拓展

潮州菜红焖烹调方法的主要秘诀在于"逢焖必炸"，即主料要先炸后焖，其目的是使主料定型及主料通过炸至后蒸发部分水分，在焖制过程中能更好地吸收汤中的味道，使菜品达到浓香入味目的。

原材料

主副料 鳝鱼肉400克，湿冬菇15克

料　头 蒜头粒50克，红椒片几片

调味料 白砂糖15克，上汤100克，味精5克，酱油5克，胡椒粉0.5克，淀粉少许，猪油1000克（耗油100克）

工艺流程

1. 将鳝鱼肉用花刀法放花切段，蘸上淀粉和调味料。

2. 炒鼎烧热，放进猪油，候油热时将鳝鱼肉熘炸过，倒入笊篱，沥去油。

3. 把炒鼎放回炉位，投入蒜头粒、红椒片、湿冬菇、调味料和鳝鱼肉一起约焖10分钟，用生粉水勾芡拌匀盛在盘里即成。

技术关键

1. 鳝鱼肉要先用少许精盐腌制，确保入味。
2. 红焖的做法主料要油炸使之上色及定型。
3. 焖制的火力要先旺火后慢火，注意把握好焖的时间。

龙虾伊面

名菜故事

龙虾是海中蛟龙，活力十足，肉质十分韧弹，海鲜味突出，又含有蛋白质和虾红素，还含有锌、碘、硒等多种人体必需的矿物质。龙虾跟伊面同焖，使伊面吸收龙虾的鲜美味道，能紧紧抓住人们的味蕾。

龙虾伊面也是一道寿宴必点的菜品，其寓意为健康长寿，活力无限，长命百岁。

烹调方法

炸法、焖法

风味特色

造型美观，质感鲜香

技术关键

1. 要掌握火候，不要把龙虾的水分炸的太干。
2. 伊面要焖透。

知识拓展

除龙虾外，还可换成明虾、草虾等大虾。

原材料

主副料 龙虾1只约750克，精面150克，鸡蛋75克，韭黄100克

调味料 上汤500克，精盐5克，味精5克，胡椒粉0.1克，芝麻油2克，淀粉15克

工艺流程

1. 精面与鸡蛋一起搅均匀，制成细面条，然后用开水煮过，捞起漂过冷水，再用油炸过待用。

2. 龙虾洗净，用刀先将头与尾斩出，再将龙虾肉部分斩成若干块，蘸上淀粉待用，龙虾头和尾放进蒸笼蒸熟待用。

3. 将鼎烧热放入花生油，待油温热至200℃时，将龙虾头、尾、肉放入炸熟捞起。把鼎中的油倒出，再把龙虾肉倒回鼎中，同时把已炸过的面条放入，再倒入上汤，加入精盐、味精，用中慢火焖，焖至面条稍软，便加入胡椒粉、芝麻油拌匀，盛入盘中。即面垫底、龙虾肉放上面，将头和尾摆在两端，再把韭黄切成段，用鼎炒过，拌放在龙虾的周围即成。

干炸大蚝

名菜故事

蚝即牡蛎，很久以前便是海滨群众的美食。唐代文学家、政治家韩愈被贬至潮州时，写了一首《初南食贻元十八协律》，诗中云："实如惠文，骨眼相负行。蚝相黏为山，百十各自生。"蚝作为潮汕地区常见的原料，受到大众欢迎，潮州市饶平县汫洲镇的蚝尤为闻名。

烹调方法

炸法

风味特色

酥香美味

原 材 料

主副料 洗净生蚝750克，脆皮浆300克

调味料 胡椒粉15克，精盐25克，味精20克，芝麻油5克，姜汁酒25克，花生油1000克（耗油75克）

工艺流程

1. 用旺火烧热炒鼎，下花生油，候油到七成热时，端离火位；用胡椒粉、精盐、味精、芝麻油、姜汁酒腌制生蚝，将腌制过的生蚝飞水。

2. 将生蚝逐粒蘸上脆皮浆放入鼎后，端回火位，用中火浸炸至浅金黄色，转用旺火略炸至身硬捞起，摆砌上盘。上席配精盐、喼汁为佐料。

技术关键

油温控制在180~200℃为宜，如油温过高就容易出现外焦内生，油温过低也会出现浆泻而不起。

知识拓展

蚝的做法很多，除了干炸大蚝，还有香炸芙蓉蚝、炒蚝爽、蚝烙、铁板大蚝等。

干炸鱼盒

名菜故事

此菜是潮汕地区的传统名菜，草鱼味甘、性温，有平肝、祛风、暖胃、中平肝、祛风等功能，是温中补虚的养生食品。经油炸后外酥内软，质感极佳。

烹调方法

炸法

风味特色

酥香软滑

知识拓展

鱼盒可蘸上脆皮浆来炸就成香脆鱼盒，也可用吉列炸就成吉列鱼盒。

原材料

- **主副料** 草鱼肉300克，瘦猪肉150克，鸡蛋2个，湿冬菇15克，面粉50克，方鱼末5克，姜、葱少许
- **调味料** 花生油500克（耗油100克），胡椒粉2克，精盐、味精各10克

工艺流程

1. 将草鱼肉用刀切成厚片，再把鱼厚片中间片开（鱼片一边要相连），腌入姜、葱、味精后待用。
2. 把瘦猪肉剁成蓉，湿冬菇切成细粒，和入调味料、鸡蛋清、方鱼末，拌匀成馅酿入鱼片中间，撒上面粉待用。
3. 将炒鼎上火，倒进花生油，候油热时逐件放下鼎炸至金黄色捞起，摆进餐盘淋上胡椒粉后才装盘。上菜时要配上甜酱。

技术关键

1. 鱼切片时厚薄大小要一致。
2. 油温一般以控制在五六成为宜，如油温过高就容易出现外焦内生。

干炸虾枣

名菜故事

干炸虾枣是潮汕地区传统的名菜，用虾仁泥为主料，配以肥猪肉、韭黄、面粉等辅料，炸成大枣形而成的。虾肉营养丰富，肉质松软，易消化，对身体虚弱以及病后需要调养的人是极好的食物。虾肉中含有丰富的镁，能很好地保护心血管系统，它可减少血液中胆固醇含量，防止动脉硬化，同时还能扩张冠状动脉，有利于预防高血压及心肌梗死；虾肉还有补肾壮阳、通乳抗毒、养血固精、化瘀解毒、益气滋阳、通络止痛等功效。

烹调方法

炸法

风味特色

外皮酥脆，颜色金黄，滋味鲜美，入口酥松

知识拓展

虾肉也可以制作成虾胶，用于制作造型菜，如清锦鲤虾、百鸟归巢等。

原材料

主副料 虾肉400克，火腿10克，肥猪肉50克，韭黄15克，鸡蛋液75克，马蹄75克，干面粉50克

料　头 芫荽叶10克，酸甜菜料100克

调味料 精盐5克，味精5克，川椒（或花椒）末0.5克，芝麻油0.5克，花生油1000克（耗油100克）

工艺流程

1. 将虾肉洗净，吸干水分，剁成虾泥。火腿、肥猪肉、韭黄、马蹄均切成细粒，放入瓦钵，加入精盐、味精、川椒末、鸡蛋液拌匀后，下干面粉拌匀成馅料。

2. 用中火烧热炒鼎，下花生油烧至四成热，端离火口，把馅料挤成枣形（每粒约重20克），放入油鼎后端回炉上，浸炸约10分钟呈金黄色至熟，倒入笊篱沥去油。将芝麻油、胡椒粉放入炒鼎，随即倒入虾枣炒匀上盘，把酸甜菜料和芫荽叶镶在盘的四周即成。食时佐以潮汕甜酱或橘油。

技术关键

炸的过程中要控制好油温，以防炸焦。

炸豆腐鱼

名菜故事
炸豆腐鱼是一款家常菜品。豆腐鱼亦称九肚鱼，富含蛋白质，消除水肿，提高免疫力，调低血压，缓冲贫血。

烹调方法
炸法

风味特色
外表松香，内面鲜嫩

知识拓展
自发粉也可换成面包糠成为吉列豆腐鱼。也可增加口味，如淋上酸甜汁，变成酸甜豆腐鱼。

原材料

主副料 鲜豆腐鱼600克，鸡蛋2个

调味料 淀粉30克，自发粉100克，精盐5克，味精5克，胡椒粉0.1克，芝麻油1克，川椒末0.2克

工艺流程

1. 将豆腐鱼去头和肠肚，洗净，放进冰柜稍冻硬身。取出，用刀起掉中间的鱼骨，形成整片鱼肉，然后每条鱼切成4~5件，用大碗盛着加入精盐、味精、胡椒粉拌匀，再放进冰柜10分钟，取出，每件拍上淀粉，加入鸡蛋液拌匀待用。

2. 将鼎烧热，放进花生油，待油热至200℃时，把已腌制好的豆腐鱼，每件蘸上自发粉，放入油鼎中炸至金黄色，熟透捞起，盛在盘中，撒上芝麻油、川椒末即成。

技术关键

1. 豆腐鱼一定要腌制。
2. 炸时油温控制在180℃左右，起锅时要把温度提高些，成品才不会含油。

惠来虾枣

名菜故事

惠来虾枣是一道传统水产加工品，它是取虾肉用木槌敲打而成的，形状呈橄榄核状，方法很特别。

烹调方法

炸法

风味特色

鲜嫩爽口

知识拓展

惠来虾枣可以制作汤菜、烩菜，还可以用来炒。

原 材 料

- **主副料** 海虾1000克，肥猪肉15克
- **调味料** 淀粉10克，精盐10克，鸡粉5克，鸡蛋清10克，胡椒粉、芝麻油少许

工艺流程

1. 将海虾去头、尾、壳，并去掉虾肠，然后洗净，沥干水分，用木槌在砧板上将虾肉槌成虾泥，成胶状。
2. 把已槌好的虾胶放入盆内，加入已切好的肥猪肉粒，淀粉、鸡蛋清、精盐、鸡粉、胡椒粉、芝麻油等搅均匀待用。
3. 起锅加入花生油，待油热至120℃时，将虾胶用手挤出成橄榄核形状放入油中炸至熟透捞出，沥干油便成。

技术关键

控制好油温，以免外焦里不熟。

炸荷包鲜鱿

名菜故事

鲜鱿鱼在潮汕地区被称为"鲜尔",盛产于汕头南澳(南澳海城水质特殊)。俗称到南澳钓"尔",指的是南澳鲜尔被钓上后,立即用传统简单的烹调方法进行制作,速度快,时间短,以保证新鲜度,成品鲜口甜美。炸荷包鲜鱿是潮汕地区的传统名菜,是一道以鲜鱿鱼、糯米、烧肉为主料的美食。鱿鱼中含有丰富的钙、磷、铁元素。

烹调方法

炊法、炸法

风味特色

鲜鱿原状,郁香味浓

技术关键

糯米饭塞进鱿鱼筒时,不要填得太满,才不会蒸时鲜鱿收缩,馅料流出。

知识拓展

鲜鱿鱼富含浓郁的海鲜滋味是最受欢迎的海鲜之一。鲜鱿鱼也可油泡、白灼、炒。

原材料

主副料 鱿鱼2个约600克,糯米100克,叉烧50克,湿冬菇10克,肥猪肉25克,虾米15克,莲子25克,青葱20克,生橘1个

调味料 味精5克,鱼露15克,胡椒粉0.1克,芝麻油2克,酱油、淀粉、胡椒油少许

工艺流程

1. 将鱿鱼头拉出(不要开刀),内腹冲洗干净,并将外膜脱净待用。

2. 将糯米洗净,加少量水炊成糯米饭,然后把叉烧切成细粒加入。湿冬菇、虾米、肥猪肉、莲子等部分放入鼎炒过,再调入味精、鱼露、胡椒粉、青葱、芝麻油等制成八宝饭待用。

3. 将八宝饭塞进鱿鱼筒内面,放入蒸笼炊3分钟,取出后抹上酱油、淀粉一起放入油鼎炸至金黄色,取出用刀切成若干块,砌成鱿鱼形状摆于盘中,淋上胡椒油,盘四周拌上生橘片点缀即成。

酥炸虾饼

名菜故事

此菜为潮州饶平特色菜，以其香酥鲜甜而闻名，不少食客远道而来，就是为了一尝酥炸虾饼的风味。此菜选用新鲜中沙虾，通过调料腌制后拍上面糊进行炸熟，质感酥脆，味道鲜美，深受广大顾客的喜爱。

烹调方法

炸法

风味特色

酥脆鲜香，酸甜可口

技术关键

1. 沙虾选用中虾（每千克约60只）。
2. 下油鼎炸的温度约180℃。

知识拓展

酥炸虾饼跟配的酱料可根据不同地方口味而改变，如喜欢吃微辣的也可跟配辣甜酱。

原 材 料

主副料 中沙虾400克，青葱50克，自发粉150克

调味料 精盐5克，五香粉0.2克，清水100克，白醋150克，白砂糖150克，辣椒酱250克，番茄酱50克，芝麻油5克，淀粉水30克，花生油1000克（耗油150克）

工艺流程

1. 将沙虾的头和尾用剪刀剪掉小部分，加入精盐、青葱粒、五香粉拌匀先腌制5分钟。然后加入自发粉、花生油30克，用清水拌匀虾饼浆待用。

2. 将鼎烧热，放入花生油，候油烧热至油温180℃时，把虾饼浆淋在鼎铲上，逐件放进油鼎炸至酥脆，并且熟透呈金黄色捞起，用刀切成"日"字形件摆砌于盘间，盘边要点缀。

3. 把白醋、白砂糖、番茄酱、辣椒酱放入鼎内煮滚，用淀粉水勾芡，最后加入芝麻油，用小碗盛着，跟虾饼一起上席即成。

生炒鱼面

名菜故事

潮汕地区独特的海域地理位置，海鲜品种极其多，尤其是海鱼。在汕头达濠区，善于对食物进行创新加工的达濠人，将海鱼制作成鱼面，融入潮汕地方特色，便成了如今广为人知的鱼面了。

烹调方法

炒法

风味特色

味鲜香爽滑

技术关键

鱼肉一定要去净筋络纤维。鱼面炸的时间不能太长。

知识拓展

鱼面是用鱼肉做成的。可鱼面又不同于其他的面类，由于是用鱼肉锤打而成的，以人手打至起胶带黏性且变薄后，再切成面条状。做工好的鱼面吃起来相当有弹性。

原 材 料

主副料	鱼肉400克，肉丝50克，火腿20克，湿冬菇25克，方鱼末5克，笋、芹菜少许
料头	生葱5克，豆芽菜100克
调味料	淀粉30克，薯粉50克（实耗25克），味精5克，精盐5克，胡椒粉1克，绍酒10克，芝麻油1克，上汤50克，猪油1000克（耗油100克）

工艺流程

1. 将鱼肉用刀刮下剁成鱼肉蓉，去净筋络，盛在盆内，加入味精、精盐，用力揉合，搓成团。薯粉用布包扎，然后将鱼肉压扁后，扑上薯粉，放在砧板上，用木棍碾成大薄片，放进开水锅里泡一下捞起，用清水漂净晾干水后，用刀切成丝，拉开成面条样。

2. 将湿冬菇、火腿、笋、芹菜切成丝，豆芽菜洗干净，另用一只小碗，加入味精、精盐、胡椒粉、绍酒、淀粉和少许上汤，调成芡汁待用。

3. 烧热炒鼎倒入花生油，待油烧至七成热时，投入肉丝炒散，随即将鱼面倒入热油中熘炸后，即倒入笊篱沥干油分。在原热鼎内放入少许油，投入湿冬菇、豆芽菜、生葱、笋、芹菜丝一起炒香，再将肉丝、鱼面投入，烹入绍酒，倒入芡汁，颠翻几下，起鼎装盘，撒上方鱼末、芝麻油即成。

油泡鳝鱼

名菜故事
油泡鳝鱼是粤菜中的一道传统名菜。鳝鱼具有很好的食疗进补作用与功效,可以补虚损,祛风湿,强筋骨。

烹调方法
油泡法

风味特色
肉嫩香滑

知识拓展
鳝鱼表皮看起来呈黄色,因此也被称为黄鳝。

原材料

- **主副料** 鳝鱼肉600克
- **料　头** 蒜末100克,真珠花菜叶(可用生菜叶代替)25克,姜、红椒末少许
- **调味料** 花生油500克(耗油100克),味精、胡椒粉、精盐、雪粉各少许

工艺流程

1. 将鳝鱼肉用斜刀放花纹,再用斜刀切块后蘸上薄味料抓匀待用。
2. 炒鼎烧热,倒下花生油,候油热时把鳝鱼肉放进鼎里熘炸过捞起;把蒜末放进鼎里炒至金黄色;鳝鱼肉倒进鼎里,放入姜、红椒末及各种调味料即炒即起(先对好味料)。
3. 用真珠花菜叶下油鼎炸后捞起,镶砌在盘边即成。

技术关键
刀功处理要均匀,拉油后要把鼎里余油沥干,碗芡要搅拌均匀。

三、潮式地方风味菜

油泡鱼册

名菜故事

昔时,达濠的捕鱼人每逢出海之前,都要祈福求平安,供品以当地海产品为主。一款形状如祈求愿望的"签筒"的鱼册便应运而生。民国初年,达濠人郑辩在镇内开小吃摊档。他制作的鱼签,鲜甜爽口,备受乡亲推崇。这一风味独特的制作技艺,很快就在达濠传开。古城的闲适文人觉得这款美味更像古时的书卷,又将改名叫鱼册,相沿习用,流传至今。

烹调方法

油泡法

风味特色

鲜嫩,脆香

知识拓展

鱼册就是指刀面和鱼肉在案板上挤压出来的薄片表面会明显起皱,展开来就像旧时用来印刷书册的皱纹竹纸,所以潮汕人俗称鱼册。

原材料

主副料 鱼肉300克,火腿100克,湿冬菇75克,笋125克,鸡蛋2个

料　头 芹菜50克,蒜米50克

调味料 味精5克,精盐5克,胡椒粉1克,淀粉35克,上汤50克,花生油1000克(耗油100克),绍酒适量

工艺流程

1. 将鱼肉刮下成鱼肉蓉,去净筋络盛在盆中,放入味精、精盐拌和,使劲地搅匀至有黏性时待用。将火腿、湿冬菇、笋、芹菜均切成条。

2. 将打好的鱼肉取一小团放在砧板上,用刀拍压成小薄片,上面放上火腿、湿冬菇、笋、芹菜条卷起来,用刀切平两头,便成鱼册生胚。把蛋白放在碗内,加入淀粉,拌和成蛋粉浆待用。

3. 用一只小碗,加入味精、精盐、胡椒粉、绍酒、淀粉和少许上汤拌和,调成芡汤待用。

4. 烧热炒鼎倒入花生油,待油烧至七成热时,将鱼册拖上蛋粉浆投入油鼎拉一下油倒出,沥干油分。炒鼎下猪油,把蒜米炒至金黄色,倒入鱼册,烹入绍酒,和小碗内的芡汤,颠翻几下,取出装盘即成。

技术关键

1. 鱼肉一定要去净筋络纤维。
2. 拉油后要把鼎里余油沥干,碗芡要搅拌均匀。

酸菜白鳝

名菜故事
酸菜白鳝是汕头一带的传统名菜，此菜汤清味鲜、肉嫩软滑。酸咸菜入汤，清爽利口，别具风味。

烹调方法
炖法

风味特色
汤清味鲜，肉嫩软滑

技术关键
1. 白鳝外边的黏液腥味很重，应洗干净。
2. 酸咸菜叶小沙子也应洗干净。
3. 火候要足，以酸咸菜叶软烂为度。

知识拓展
潮汕地区腌酸咸菜的芳香味特别宜人，食之齿颊留香，止渴生津。

原材料

主副料 白鳝600克，猪排骨150克，酸咸菜叶300克，湿冬菇150克

料头 葱条5克，姜片5克

调味料 上汤1000克，绍酒10克，味精、精盐各5克，胡椒粉少许

工艺流程

1. 将宰净白鳝切段（每段3厘米），猪排骨切段（每段3厘米），酸咸菜叶洗净待用。

2. 将白鳝飞水，先净脱去间骨，然后用酸咸菜叶逐块包成日字状。将猪排骨用开水漂洗，一起放进炖盅内，再放上姜片、葱条、精盐、味精，加入上汤、绍酒，放进蒸笼用旺火炊40分钟左右取出。

3. 上席时，把上面姜、葱取出，清除上面的花点，放进煮好的冬菇，调入味精、胡椒粉即成。

五谷丰登

名菜故事

五谷丰登是潮汕地区一道创新菜肴，是一道餐前开胃菜。这道菜利用了鱿鱼受热易卷的特色，再结合墨鱼胶、菜胆心、马蹄、梅膏酱、发菜、橙汁等原材料，最终成品以五谷中的玉米为造型。在2000年潮州市文化旅游美食节荣获金奖，也是广东名菜。

烹调方法

炊法

风味特色

造型形似玉米，酸甜可口，软嫩润滑

知识拓展

鱿鱼富含蛋白质，营养价值很高，脂肪含量极低，且鱿鱼中的胆固醇以高密度为主，对身体有益。

原材料

- 主副料　鲜鱿鱼500克，墨鱼胶150克，马蹄100克，梅膏酱50克，菜胆心5个，发菜3克，鸡蛋2个
- 调味料　橙汁100克，白砂糖50克，吉士粉50克，味精5克，精盐5克，胡椒粉1克，淀粉少许

工艺流程

1. 将菜胆心切对半，用刀雕成"山"字形状；鲜鱿鱼切成网状，改成10件等腰三角形待用。
2. 将马蹄切细丁，加入墨鱼胶、味精、精盐、胡椒粉、淀粉、白砂糖、吉士粉、梅膏酱、鸡蛋清一起拌成馅待用。
3. 将鲜鱿鱼过水，使其卷成圆锥状，再将预制好馅料直接酿在鲜鱿鱼上面，放进蒸笼里炊约2分钟后取出。
4. 将炊好的呈玉米状的鲜鱿在盘中依次摆成圆形，然后将"山"字形的菜胆心盖上形成鲜鱿的头部，再将发菜摆在尾部形成胡须形，最后淋上橙汁即成。

技术关键

1. 刀工要均匀。
2. 在炊时要掌握火候，否则过火成品过硬会影响品质。

竹笙鱼盒

名菜故事

竹笙鱼盒是一道汕头特色传统名菜，汤水清鲜，肉质鲜嫩。竹笙本身爽脆清淡的质感融入了鱼的鲜美，使得整个菜品更加丰富。

烹调方法

炊法、清法

风味特色

汤水清鲜，肉质鲜嫩

技术关键

烧汤时火候要用慢火，避免大滚使汤变浊。

知识拓展

这个汤菜是由干炸鱼盒延伸过来的，配上竹笙使菜品较为丰富。

原 材 料

主副料 鱼肉300克，瘦猪肉150克，虾肉100克，湿冬菇10克，方鱼末10克，鸡蛋1个，湿竹笙30克

料　头 芹菜10克

调味料 上汤500克，味精8克，精盐8克，胡椒粉0.1克，芝麻油2克

工艺流程

1. 将鱼肉切成厚片，再用刀在厚鱼片的中间片开（鱼片的一边要相连勿断）。

2. 将瘦猪肉和虾肉用刀剁成蓉，加入味精、精盐、胡椒粉、芝麻油各一半，再把湿冬菇切碎，芹菜末、方鱼末、鸡蛋清投入搅匀成馅，逐件酿入鱼片中，摆在盘里放进蒸笼约炊8分钟便熟。

3. 把湿竹笙改段，上汤用慢火滚5分钟，然后捞起，放入大碗。再把已炊熟的鱼盒排在竹笙上面，再将上汤煮滚调入味精、精盐、胡椒粉、芝麻油，倒进碗里即成。

三、潮式地方风味菜

鸡蓉海参

名菜故事

鸡蓉海参是潮汕地区一道风味菜，很讲究技法和质量。袁枚说过"海参无味之物"，故必须与有味之物同烹，使它品味兼优。海参通过与肉骨焖炖使质地软烂，味道香浓，再加上色洁白，细如泥，润滑鲜香的鸡蓉，使味道更加鲜美可口，又富有营养。

烹调方法

炖法、扣法

风味特色

嫩滑浓香

○ ○ 原 材 料 ○ ○

主副料	水发海参750克，鸡胸肉150克，猪脊肉150克，鸡蛋1个，猪皮1张250克，鸡骨200克，猪肚200克，火腿末10克
料 头	葱、姜各10克
调味料	花生油75克，精盐10克，味精5克，绍酒25克，胡椒粉0.5克，上汤600克，淀粉20克

工艺流程

1. 将发好的海参洗净，飞水，放入砂锅内（海参下面竹篾垫底）。鸡骨斩成大块，同猪皮一起飞水，洗净血污。把猪皮盖在海参上面。

2. 烧热炒鼎放入花生油，投入葱、姜炒至呈牙黄色时，将鸡骨下鼎炒一炒，烹入绍酒，加入猪肚、精盐、上汤、味精，待烧沸后倒入盛海参砂锅内，盖上锅盖，用文火炖40分钟。

> **技术关键**

1. 海参要焖炖入味。
2. 在推熟鸡蓉时火不能太大,汤的温度在90℃,以免鸡蓉成粒状。

> **知识拓展**

海参本身吃起来没有特殊味道,所以在烹制上必须特别下功夫,才能将海参肉质特色表现出来。

3 将鸡胸肉、猪脊肉一起剁成蓉,盛在碗内,加入鸡蛋清、精盐、味精、淀粉和少量清水调稀。随后将砂锅取下,捞去鸡骨、葱、姜、猪皮,海参取出,向上扣在碗内,倾入原汁。

4 上席时将海参从炊笼取出,将原汁倒入锅内,加入精盐、味精,待烧滚后用淀粉勾芡,再倒入鸡蓉推熟,撒入胡椒粉拌和,然后起锅装入海参碗内,再覆入汤盘中,撒上火腿末即成。

南乳白鳝球

名菜故事

白鳝的食用价值很高。清代王士雄《随息居饮食谱》认为："细，甘，温。补虚损，杀劳虫，疗疬疡，瘘疮，祛风湿。湖地产者胜，肥大为佳。蒸食益人，亦可和面。"

南乳又叫红腐乳、红方，是用红曲发酵制成的豆腐乳。红曲是以优质大豆、红曲米、绍酒等为辅料，经复合发酵精制而成。富含大量优质蛋白和人体所需的多种氨基酸，味道带脂香和酒香，而且有点甜味。香气浓郁，风味醇厚，具有健脾开胃的功效。

烹调方法

炸法

风味特色

色泽鲜艳，质感酥香

知识拓展

白鳝尖嘴利牙，灰背白腹，浑身溜滑，颈部的胸鳍像是一对黑色的耳朵，故此潮汕人称为乌耳鳗。

原材料

- **主副料**：白鳝1条约500克，南乳2块，鸡蛋1个
- **料头**：蒜蓉20克
- **调味料**：淀粉100克，绍酒2.5克，味精5克，芝麻油10克，胡椒粉0.5克

工艺流程

1. 将白鳝宰杀，去掉黏液，洗净用干净布抹干，起肉，再将白鳝肉用花刀法片后改成鳝球状待用。
2. 将南乳、绍酒、味精、胡椒粉、芝麻油一起搅匀后，把鳝球放入，腌制约5分钟，再拌入鸡蛋清、淀粉待用。
3. 将鼎烧热，先放入少许花生油，把蒜蓉放入炒至成蒜蓉油待用。再将油鼎洗净烧热，倒入花生油，候油温热至180~200℃时，把鳝球放入油鼎炸至熟透，盛在盘间，再把蒜蓉油淋上即成。

技术关键

白鳝外面的黏液要去除干净，腌制要入味。

墨斗丸汤

名菜故事

墨鱼丸色泽洁白,富有弹性,入口爽脆,味道鲜美,宴席菜和家常菜均可食用。墨鱼丸是潮汕地区传统名菜,现在已列为潮汕地区"非物质遗产"。

烹调方法

煮法

风味特色

鲜嫩爽口,味道鲜甜

技术关键

1. 在搅打墨斗鱼泥时手要顺同一方向上劲,否则会影响胶的黏稠度。
2. 在煮丸子时一定要用慢火浸,才能使丸子有弹性,否则会影响质量。

知识拓展

可在墨斗丸汤里加入竹荪、香菜或紫菜进行搭配,营养更丰富。

原 材 料

- **主副料** 鲜墨斗鱼肉400克,肥猪肉50克,马蹄50克
- **料 头** 芹菜末10克
- **调味料** 白醋水、精盐、味精、胡椒粉、芝麻油适量

工艺流程

1. 将鲜墨斗鱼肉洗净后切成细条,用绞肉机绞成墨斗鱼泥,盛入盆内,加入精盐、味精后,搅至黏稠。
2. 将肥猪肉、马蹄切成细粒,把肥猪肉粒、马蹄粒加入墨斗鱼泥内搅拌成胶待用。
3. 锅入清水,煮至约70℃,用手把墨斗鱼胶挤成圆球形,逐个挤入温水中,用慢火浸约15分钟至熟透捞出。
4. 把墨斗丸再投入锅中煮滚,调好味,加入芝麻油和胡椒粉,盛入汤碗中,撒上芹菜末即成。

茄汁虾碌

名菜故事

"碌"粤语在此作段解，即将大虾切作两三段。虾含丰富蛋白质、氨基酸，以及镁、磷、钙等多种微量元素。镁对心脏活动有调节功能，保护心血管系统且减少血液中胆固醇含量，防止动脉硬化和扩张冠状动脉。

烹调方法

炸法、焖法

风味特色

色金黄，虾肉香嫩爽口

知识拓展

虾碌除了用茄汁来焖制，还可用煎的烹调法来制作。煎又可分为干煎和湿煎，如干煎则将虾煎熟后使用噆汁收尾，湿煎则将虾煎后用茄汁加盖焗的烹调法来烹制。

原材料

- **主副料** 沙虾500克
- **料　头** 姜米5克，葱珠5克，红椒1克
- **调味料** 猪油100克，茄汁50克，上汤20克，白砂糖20克，精盐10克，淀粉水10克

工艺流程

1. 用剪刀将虾头、须、尾剪干净。剪刀尖挑去虾肠，洗净沥干，放在砧板上用斜刀切碌（大的切成3碌，小的切成2碌）。

2. 烧热炒鼎，放进猪油，油热时将虾碌炸过捞起。起鼎放进虾碌，加入姜米、葱珠、红椒、茄汁、白砂糖、精盐、上汤少许，一起焖5分钟后，用淀粉水勾芡炒匀即成。

技术关键

1. 虾肠必须去干净。
2. 下芡时马上要推匀。

芹菜炒麻杂

名菜故事

汕尾盛产海麻（又称海鳗），麻杂就是新鲜的麻鱼肠、肚和麻鱼腩，虽是下脚料，但经过精工制作，一道美味的菜肴就呈现于平民百姓餐桌上。此菜品中芹菜性味清凉，可降血压、血脂，同时其味清新，可以做很多菜的配料，以吊其味。麻杂与芹菜同炒，麻鱼鲜浓，芹菜清香，其味融合鲜美，是汕尾地区一道美味特色菜肴。

烹调方法

炒法

风味特色

芹菜清香，味道鲜美

知识拓展

麻鱼杂配上咸菜可制作麻杂咸菜汤，也可以与米饭制作麻杂香粥，用煲的烹调方法也可以制作麻杂煲等。

原材料

主副料 净麻鱼肠100克，净麻鱼肚100克，净麻鱼腩100克

料　头 芹菜段70克，姜丝10克，红椒丝5克

调味料 精盐2克，味精5克，花生油1000克（耗油50克），淀粉10克，胡椒粉、芝麻油少许

工艺流程

1. 将净麻鱼肠、净麻鱼肚、净麻鱼腩切段待用。
2. 炒鼎烧热后下花生油刷后倒起，另下花生油加热至160℃，麻杂泡油后倒起，顺鼎加入姜丝、红椒丝、芹菜段炒香后下麻杂翻炒，加入精盐、味精、胡椒粉、芝麻油翻炒均匀勾芡后出鼎装盘即成。

技术关键

1. 麻杂要清洗干净。
2. 炒的过程使用旺火。

三、潮式地方风味菜

55

油焗麻鱼

名菜故事

鳗鱼汕尾俗称麻鱼,此菜是将鳗鱼切好后,用精盐腌制,加入姜丝与油上锅焗制。鳗鱼经油焗后,自身的脂肪也基本被吊出,渗入鱼肉里去,整条鳗鱼充满鱼油香而无油腻,鱼肉的鲜嫩得以保持。没有任何多余的材料,只需发挥鳗鱼本身的香甜,即可做出原汁原味油焗麻鱼。

烹调方法

焗法

风味特色

麻鱼肉质鲜甜、原汁原味

原材料

主副料　净麻鱼500克
料　头　姜丝10克,红椒丝5克
调味料　精盐2克,味精3克,花生油50克

工艺流程

1. 将净麻鱼切段后改块待用。
2. 将麻鱼块、姜丝、红椒丝放入砂锅中,加入花生油,盖上砂锅盖,上火焗至熟时下精盐、味精即可。

技术关键

1. 麻鱼要清洗干净,刀工处理均匀。
2. 焗至汤汁微干。

知识拓展

麻鱼因含有丰富的脂肪,多吃有肥腻感。在烹调时也可以采用潮汕咸梅作为调味,如梅汁蒸麻鱼,能起到促进食欲、解肥腻的作用。

韭菜石榴球

名菜故事

韭菜石榴球是潮州一道特色创新菜肴,也是广东名菜。它选用潮州著名沙州岛韭菜、鲜虾肉、五花肉、鸡蛋清为馅心,以鸡蛋清和淀粉为皮,经过清蒸和上芡汁后,给人白中透绿的柔和,爽滑可口、鲜嫩多汁。同时韭菜让人们在质感上的嚼劲恰到好处,体现了潮州菜原汁原味的特点。

烹调方法

炊法

风味特色

造型美观,香甜嫩滑可口

知识拓展

韭菜有温中开胃、行气活血、补肾助阳之功效,当中的膳食纤维促进胃肠道蠕动,加快食物通过胃肠道,减少吸收,还可以起到防治便秘和减轻体重的作用。

原材料

主副料 韭菜250克,虾肉200克,五花肉100克,鸡蛋8个

料头 芹菜20克(须整条,烫熟后撕成线条)

调味料 味精4克,精盐5克,胡椒粉1克,高汤200克,清水50克,淀粉50克,花生油10克

工艺流程

1. 将韭菜切成细丁,虾肉打成虾胶,五花肉切成丁,加鸡蛋清2个、淀粉5克、味精3克、精盐4克、胡椒粉拌成馅料待用。

2. 将淀粉45克,鸡蛋清4个加清水拌匀,然后用不粘鼎煎成约18厘米直径的圆形薄饼皮12张。

3. 将薄饼皮包入馅料包成石榴形状,用芹菜条扎好,放进蒸笼炊10分钟后取出。

4. 将高汤入鼎加上味精、精盐、生粉水勾成芡加上包尾油淋上即成。

技术关键

1. 打制虾胶前要吸干虾肉的水分。
2. 要掌握好炊的火候。

豆酱焗蟹

名菜故事

潮汕地区采用豆酱焗的方法制作的菜肴突出豆酱的香味,潮州菜传统名菜"豆酱焗鸡"因具有浓郁的酱香味深受人们的喜爱,豆酱的咸香与青蟹的鲜甜相融合,令人回味,是广大食客青睐的名菜。蟹虽然营养丰富,但中医认为,蟹性寒,因此脾胃虚寒或不适者慎食。

烹调方法

焗法

原材料

主副料 肉蟹3只(每只约250克)

料　头 蒜头100克,姜片10克

调味料 豆酱30克,味精2克,淀粉20克,芝麻油3克,花生油1000克(耗油100克)

工艺流程

1. 杀蟹,剥开蟹腹下方的脐,从脐部掀开蟹壳去掉里边的腮,用刷子刷去腮根部黑色物质。砍下2只蟹钳,在蟹钳中间关节部位下刀,将蟹钳分成2段,用刀背轻敲使蟹钳的壳裂开。切去嘴部跟蟹脚尖的茸毛,顺着蟹身骨架纹路顺向切2刀,横向切1刀,将蟹身均匀地分成6块。蟹壳削平并去除胃部。将整只蟹杀好后,洗净晾干。

2. 蒜头切除头尾,放到三成热的花生油中,浸炸至色泽金黄表皮微干,捞起备用;肉蟹撒上薄薄一层淀粉(15克),下油锅拉油捞起备用。

风味特色

咸香与蟹肉的鲜甜相融合，令人回味

知识拓展

潮式风味菜中以蟹为主的菜肴很多，尤以豆酱焗蟹、葱姜焗肉蟹、清炖肉蟹为常见。

3. 豆酱碾碎，倒入小碗中，加入清水20克、味精、芝麻油、淀粉（5克），调成碗芡备用。

4. 炒鼎洗净倒入少量的花生油，用小火加热，放入姜片爆香，加入炸好的蒜头，把蟹摆在蒜头的上面，再将碗芡均匀淋在蟹肉上面，盖上鼎盖，用小火焗3分钟（在焗的过程中适当旋锅防止烧底），起鼎装盘即可。

技术关键

1. 搭配好豆酱、蒜头与蟹的比例，使豆酱的咸、蒜头的香与蟹肉的鲜相辅相成，不互相遮盖。
2. 把握好焗的火候，不要烧焦。

三、潮式地方风味菜

香煎鱼饼

名菜故事

香煎鱼饼是汕尾家常菜，选用马鲛鱼肉制作而成。马鲛也叫蓝点马鲛，是汕尾沿海地区多产的鱼类。香煎鱼饼以新鲜马鲛鱼，以手工刮下鱼肉，打成鱼胶，拌入新鲜马蹄碎、胡萝卜碎、芫荽及少许猪油渣，制成鱼饼后，生煎上碟。一口咬下，弹牙之余鱼味十足，加上马蹄和胡萝卜的鲜甜，让人吃了念念不忘。

烹调方法

煎法

风味特色

鲜甜爽口，外焦香内嫩，原汁原味

原材料

主副料 马鲛鱼500克，马蹄100克，胡萝卜50克
料　头 芫荽20克
调味料 精盐3克，味精3克，花生油50克

工艺流程

1. 马鲛鱼用刀刮下鱼肉后打成鱼胶，马蹄切末后压干水分，胡萝卜切末、芫荽取茎部切末。
2. 将马蹄末、芫荽末、胡萝卜末与鱼胶一起放盆中，加入精盐、味精一起打均匀。
3. 将鱼胶分成块后捏成饼状，炒鼎下花生油加热约120℃，鱼饼煎熟至两面浅金黄色即可。

技术关键

1. 刮鱼肉时注意不能将鱼刺渗入鱼肉中。
2. 鱼肉打胶至有黏度，鱼饼个头要均匀。
3. 油煎火力不要太大。

知识拓展

马鲛鱼还可以制作成马鲛鱼丸、贡菜煮马鲛，也可以制作咸马鲛鱼等。

银杏水鱼

名菜故事

水鱼含有较多的动物胶,并含碘、维生素D等,这些都对人体有很好的补益。其甲骨入药,有治虚劳、理衰损、除骨蒸劳热之效。银杏水鱼是潮式风味菜,它是用慢火焖制,可使水鱼和银杏所含养分充分溶解于汤汁中,从而收到软烂、香浓、可口、易为人体吸收之效果。但是,水鱼的胶质较多,对于消化力弱,尤其是胃有溃疡病者,不宜多食。银杏一定要熟食,同时也不宜多吃。

烹调方法

炸法、焖法

风味特色

鲜嫩浓香,富有胶质

知识拓展

在潮汕地区水鱼也叫"脚鱼",习惯做法有焖、炖。

原材料

- **主副料** 宰净水鱼500克,猪肚100克,已加工好净银杏250克
- **料 头** 炸蒜头25克,辣椒5克,姜片5克,湿冬菇20克
- **调味料** 精盐5克,胡椒粉0.1克,芝麻油1克,绍酒5克,酱油10克,味精2.5克,猪油25克,淀粉20克,上汤400克,花生油1000克(耗油100克)

工艺流程

1. 将水鱼切块(每块约重20克),用淀粉和酱油拌匀。猪肚去皮切成3毫米厚片待用。

2. 用中火烧热炒鼎,下花生油烧至五成热,即油温在150℃,放入水鱼块炸约2分钟,倒入漏勺沥去油。将炒鼎放回炉上,下姜片、猪肚、湿冬菇和水鱼稍炒几下,烹入绍酒,加上汤、精盐、辣椒、味精,烧至微沸,转慢火焖15分钟时加入银杏,拌匀倒入炒鼎,加入蒜头肉,加盖焖约5分钟,至水鱼软烂,取掉姜片。

3. 待汤浓缩到约剩下120克时。再倒入鼎中加入味精、胡椒粉,用淀粉调稀勾芡,最后淋上芝麻油和猪油,上盘即成。

技术关键

蒜头不要先下,要在水鱼焖至刚好时才下。勾芡时要均匀。

银鱼仔煎蛋

原材料

主副料：银鱼200克，鸡蛋4个

调味料：精盐3克，味精2克，胡椒粉0.5克，花生油75克

名菜故事

汕尾沿海地区盛产银鱼，品质优良，鲜甜可口，常用作食材。此菜用新鲜银鱼与鸡蛋液拌匀，以油煎法烹制，成品黄中间白，食之软润香鲜，带有蟹味。

工艺流程

1. 银鱼清洗干净后放于大碗中，加入鸡蛋、精盐、味精、胡椒粉搅拌均匀待用。
2. 炒鼎置中火，放入花生油，烧至六成热下入鸡蛋液，随即将鼎微微转动，使鸡蛋液摊开。
3. 待鸡蛋液凝固成蛋饼时再一翻鼎，使蛋饼整个翻身，淋上花生油，换用中小火煎透出鼎，装盘即成。

烹调方法

煎法

技术关键

1. 鸡蛋与银鱼搅拌均匀。
2. 煎的过程采用中小火。

风味特色

鱼肉鲜嫩、味道鲜美、清香可口

知识拓展

鸡蛋也可以跟银鱼搅拌均匀后采用蒸的烹调法制作出银鱼蒸蛋，味道鲜美，嫩滑可口。

秋瓜炒鱼片

名菜故事

生鱼即"鳢",亦称"黑鱼",性凶猛,以其他鱼类为食,肉质幼结嫩滑,含蛋白质丰富,脂肪少,肉味鲜美。广东民间认为,生鱼有生肌疗效。故手术后病人必以生鱼作调理品。病后消化力弱者,用它来调养也宜。此菜肴将生鱼切片同秋瓜和具有潮汕风味的鱼露炒制,不但鲜味,且有补益。

烹调方法

炒法

风味特色

瓜鲜爽脆,鱼片嫩滑

知识拓展

生鱼具有去瘀生新、滋补调养、健脾利水的医疗功效。病后、产后及手术后食用,有生肌补血、加速愈合伤口的作用。

原材料

- **主副料** 秋瓜(水瓜)750克,生鱼肉200克,鸡蛋1个
- **料 头** 青葱15克,冬菜5克
- **调味料** 鱼露10克,精盐2克,味精5克,芝麻油2克,胡椒粉0.1克,花生油500克(耗油100克)

工艺流程

1. 将秋瓜去皮洗净,每条瓜用刀切成4块,然后切去部分瓜瓤,再用斜刀切,切成斜片状。生鱼肉起去鱼皮,用斜刀法切成片状,每片厚度约3毫米。青葱洗净切段。冬菜洗过清水,压干水分。以上用料经加工后待用。

2. 将生鱼片加入味精2克、精盐2克、胡椒粉拌匀,然后把鸡蛋清放入拌均匀待用。把炒鼎洗净烧热,放入花生油,候油热至约180℃油温时,把生鱼片放进,用铁勺散开,然后立即倒进笊篱。

3. 把鼎放回炉位,放进少量花生油。再放入秋瓜片、冬菜炒,边炒边喷入少量清水,然后加入鱼露、味精、青葱,再炒,最后放入生鱼片、芝麻油在鼎内翻几下即成。

技术关键

鱼片刀工要均匀,翻炒时动作要快,注意别把鱼片弄碎。

三、潮式地方风味菜

梅虾焖芋头

名菜故事

将芋头泡油后，在表面撒咸虾仔入鼎炊。待芋头全部吸收了虾仔的香气之后，即成。出锅撒葱花、西芹碎伴碟。咸香不腻，入口成绵，口里的甘香半天不消。

烹调方法

焖法

风味特色

咸香不腻，入口成绵

知识拓展

芋头在潮汕地区烹饪应用广泛，可咸可甜，咸味的如芋头扣肉、松鱼头焖香芋、薄壳香芋煲等；甜味的如返沙芋头、白果芋泥、糕烧芋头等。

原 材 料

主副料 芋头800克，梅虾（虾皮）25克

料　头 葱花10克

调味料 精盐3克，味精2克，花生油1000克（耗油50克），上汤

工艺流程

1. 芋头切成8厘米×3厘米条状，泡水待用；梅虾洗后压干水分待用。

2. 炒鼎烧热后下花生油加热，放入芋条炸至熟倒起。

3. 顺鼎下梅虾炒香后下清水、芋条、精盐焖至九成熟时下味精，焖熟后撒上葱花略焖后出鼎装盘即可。

技术关键

1. 芋头切条状后要泡水，以便去除多余淀粉，油炸时确保色泽洁白。
2. 焖的火候要够。

姜葱炒蟹

名菜故事

姜葱炒蟹是一道色香味俱全的家常菜肴。清代文人、美食家袁枚以为"蟹宜独食，不宜搭配他物"（见《随园食单》），这一经验之谈，甚有见地。此菜肴取鲜活肉蟹即剥即炒，添加葱、姜等料，去腥增香，引人食欲。

烹调方法

炒法

风味特色

原汁原味，肉质鲜美爽滑

技术关键

1. 肉蟹要做好初步加工，洗净再斩件。
2. 炸肉蟹一定要火大，把肉蟹炸熟，变金黄色。
3. 炒肉蟹一定要有少许芡汁，这样能让肉蟹裹汁入味。

知识拓展

肉蟹也可以制作清炖肉蟹、豆酱焗蟹、苦瓜煮蟹、苦瓜蟹肉羹等菜肴。

○○ 原 材 料 ○○

主副料	肉蟹2只约750克
料　头	姜角15克，葱度15克
调味料	精盐5克，味精3克，芝麻油2克，胡椒粉1克，绍酒10克，淀粉15克，花生油1000克（耗油100克）

工艺流程

1. 将肉蟹洗净，去除肺腮，斩成小件。
2. 用胡椒粉、绍酒腌渍，撒上淀粉拍均匀。
3. 葱切段，姜切角。
4. 将鼎烧热，倒入花生油，油温七成热倒入肉蟹炸熟倒起。
5. 鼎内留底油放入葱度、姜角煸炒出香味。
6. 倒入肉蟹煸炒，加入精盐、味精、绍酒、芝麻油、胡椒粉等调味料炒均后勾芡，下尾油起鼎装盘即成。

三、潮式地方风味菜

香草虾卷

名菜故事

香草虾卷是潮州蓝照华师傅的一道创新特色菜肴，也是广东名菜，其选用大条明虾、墨鱼胶、马蹄做主料，配上薄荷叶、蛋清为副料，包上威化纸油炸，出锅色泽金黄，肉质饱满，弹滑脆香，薄荷叶清凉适口，爽而不腻，带给人味蕾上愉悦的感受。薄荷叶有疏散风热、清利头目、利咽透疹、疏肝行气的功效，使人吃时不觉得喉咙发干、发热，而有一种"春风拂面，脸生柔软"的快感，甚是清凉。

烹调方法

炸法

风味特色

外脆内嫩，入口松化，富有层次感，色香味俱全

知识拓展

虾含有锌、钙和多种维生素，对人的身体十分有益。

原材料

主副料 大虾12只（约500克），墨鱼胶200克，马蹄100克，薄荷叶50克，鸡蛋2个，威化纸24张

调味料 味精3克，胡椒粉1克，精盐3克，淀粉10克，花生油1000克

工艺流程

1. 将大虾去头壳留尾，清除虾肠，放入味精、精盐腌制10分钟后待用。

2. 将墨鱼胶、马蹄、蛋清、淀粉、胡椒粉一起拌匀，取威化纸2张叠放在一起，放上一片薄荷叶，再铺上一层墨鱼胶，再将虾放在最上面，虾尾露在威化纸外，卷成3厘米×8厘米的长条状待用。

3. 烧鼎下花生油，待油温烧热至80℃时，将包好的虾卷沿鼎边放下，炸至呈金黄色时捞起，装盘即成。

技术关键

在炸时要掌握火候，否则会使成品变形或炸焦，影响质量和美观。

鲤鱼芥蓝煲

名菜故事

芥蓝又称格蓝，桃山芥蓝原产地在炮台镇桃山乡三和村红门楼前池畔一片菜畦，据说栽培芥蓝迄今已有300多年的历史。桃山人吃芥蓝，最出名的当属鲤鱼芥蓝了。芥蓝做汤本来已经颠覆了大家的观念，加上用鲤鱼来熬煮，许多人更是闻所未闻，其实，这是一道鲜为人知的传统菜。

烹调方法

煲法

风味特色

汤汁浓郁，质感鲜嫩

原材料

主副料 鲤鱼750克，芥蓝300克，排骨250克，清水1000克

料　头 姜片20克

调味料 精盐4克，味精2克，胡椒粉适量

工艺流程

1. 鲤鱼去掉鱼鳍、内脏，洗净血污备用；排骨切块，飞水后洗净沥干备用。

2. 炒鼎烧热，将鲤鱼煎至两面金黄，然后加入清水、姜片、排骨，煲20分钟。

3. 芥蓝切段，加入鱼汤中煲3分钟，再加调味料即可。

技术关键

鲤鱼在宰杀时注意不能弄破胆，鱼鳞不用去掉。

知识拓展

芥蓝含纤维素、糖类等。其味甘、性辛，有解毒祛风、除邪热、解劳乏、清心明目等功效。不过长期吃芥蓝则有耗人真气的副作用，会抑制性激素的分泌。

（二）家禽家畜类

豆酱焗鸡

名菜故事

豆酱焗鸡是潮汕地区一道传统名菜，鸡肉含丰富蛋白质，其脂肪中含不饱和脂肪酸。此菜采用普宁特产豆酱为调料，菜肴成品色泽浅黄，保持原汁原味，肉滑鲜嫩；有浓郁的豆酱香，因风味独特，营养丰富，制作简单，而广为流传。

烹调方法

焗法

风味特色

色泽浅黄，有浓郁的豆酱香，保持原汁原味，肉滑鲜嫩。

原材料

- **主副料** 光鸡1只约重800克，白肉100克
- **料　头** 姜10克，葱10克，芫荽50克
- **调味料** 普宁豆酱50克，味精5克，白砂糖5克，绍酒10克，上汤50克，老抽5克，芝麻酱10克

工艺流程

1. 将鸡洗净晾干，切去鸡爪、鸡嘴、食道、尾囊和肛门口，用刀敲断颈骨。把白肉用刀片成米粒厚的肉片，在中间划十字刀。普宁豆酱沥出汁后，用刀将豆酱渣压烂，再放回豆酱汁中待用。

2. 将味精、老抽、芝麻酱、白砂糖、绍酒和豆酱搅匀成酱汁，涂匀鸡身内外，约腌15分钟以上，把姜、葱、芫荽头放进鸡腹内。

3. 将砂锅洗净擦干，用薄竹篾片垫底，把白肉片铺上，鸡放在白肉上面，将上汤从锅边淋入（勿淋掉鸡身上的酱汁），加盖，用湿草纸密封锅盖四边，置炉上用旺火烧沸后，改用小火焗约20分钟至熟取出。

知识拓展

鸡的烹调方法多样，可以炒、焖、炖、炸等。

4. 把鸡剁下头颈、翅，然后拆骨、将骨砍成段，盛入盘中，鸡肉切块放在上面，并把鸡头、翅、脚摆成鸡形，淋上原汁，配上芫荽伴盘即成。

技术关键

1. 鸡腌制的时间要15分钟以上，确保入味。
2. 锅底部垫上竹篾和白肉片，防止粘锅和烧焦。
3. 大火焗制，砂锅出气后要转小火焗。

三、潮式地方风味菜

糯米酥鸡

菜名故事

糯米因香糯黏滑,常被用以制成风味小吃,深受大家喜爱。其富含维生素B族,能温暖脾胃,补中益气。对脾胃虚寒、食欲不佳、腹胀腹泻有一定缓解作用。糯米酥鸡是潮汕名菜之一,在烹制程序上,首先要整鸡脱骨,潮汕人称为荷包鸡,再跟糯米完美结合,形成了一道风味菜肴。

原材料

主副料 不开腹光鸡1只(约1000克),糯米150克,鸡肫100克,鸡肉50克,湿冬菇10克,莲子30克,火腿粒5克,虾米10克

调味料 精盐5克,味精5克,胡椒粉0.5克,芝麻油、酱油、胡椒油各少许

工艺流程

1. 将光鸡脱骨(即采用内脱骨的方法),在脱骨过程要注意,刀口处不能太宽或太长,一般刀口要在5厘米左右,才不会影响质量。内外用清水洗净待用。

2. 将糯米浸洗捞干后放入蒸笼,同时把莲子也放进蒸笼炊熟,晾干待用。鸡肉、鸡肫、湿冬菇分别切成丁状,鸡肉丁及鸡肫丁调上味料。虾米洗净切碎待用。

烹调方法

炊法、炸法

风味特色

表皮金黄带脆，味道香醇带嫩

知识拓展

也可把鸡换成鸽子，做成糯米酥鸽。

3. 鼎烧热放入少量花生油，把湿冬菇、熟莲子、火腿粒、虾米炒香，然后放入鸡肉丁、鸡肫丁炒熟，再将糯米饭倒入鼎内调入味精、精盐、胡椒粉、芝麻油搅均匀成糯米鸡料。将糯米鸡料装进脱骨鸡的鸡腹内，用竹签缝实鸡腹，然后盛在盘里放进蒸笼约炊40分钟取出，用手压平待用。

4. 将鼎烧热，倒入花生油，候油热时把鸡的表面上抹上酱油，放入油内炸至金黄色捞起，用刀切半，再切成长4厘米、宽2厘米块状，摆进盘里（摆上头尾）。淋上胡椒油即成。上席时配上甜酱2碟。

技术关键

1. 整鸡出骨注意不要划破。
2. 填入糯米鸡料时不要太满，而且蒸之前要用竹签插几下，可使蒸时里面的空气能渗出，整鸡完整。

炊莲花鸡

名菜故事

炊莲花鸡是潮汕地区一道流传已久的传统潮州菜，菜品形似莲花。菜肴中的鸡肉含有丰富的蛋白质，番茄富含维生素A、维生素C、维生素B_1、维生素B_2、胡萝卜素，以及钙、磷、钾、镁、铁、锌、铜和碘等多种微量元素，这是一道既美观又健康的菜肴。

烹调方法

炊法

原 材 料

主副料 鸡肉400克，面粉350克，猪油50克，薯粉25克，湿冬菇5克，番茄300克

料 头 北葱200克，姜米5克

调味料 白砂糖5克，茄汁75克，花生油1000克（耗油150克），芝麻油2克，胡椒粉0.2克，绍酒2克，味精10克，精盐5克

工艺流程

1. 将鸡肉片开，划成花刀，然后切成长4厘米、宽2厘米的方块球状，加入味精、精盐、薯粉各3克，绍酒拌过。再将鼎烧热放入花生油，待油热时放入鸡肉炸过捞起待用。

2. 北葱洗干净，用刀切成2厘米片形，放进热油中炸过后，连同鸡肉、湿冬菇、姜米一起下鼎炊10分钟，加入白砂糖、茄汁、番茄、芝麻油、胡椒粉调味勾芡成馅料，用碗装起。

风味特色

味道可口，菜色美观

技术关键

1. 面皮在烫制的时候要烫得够熟。
2. 面皮在擀制的时候厚薄要均匀。
3. 摆砌好后锁边要锁紧，以免汤汁泄漏。

知识拓展

此菜也可以演变焖茄汁鸡球、焖板栗鸡、炒鸡球等。

3. 350克面粉用100克开水和成面团，搓成条，用刀切成4块（第1块重约150克，另3块各重100克）。然后把第1块面皮压成约25厘米的圆形块放在碗中（碗底应先抹上花生油），用刀尖划成3条交叉线。再取2块面皮各压薄，将其中1块抹上花生油，把另一块叠在一起压，用木槌碾压成16厘米的圆形块，下鼎用薄油慢火煎至两面略赤时取出，用刀分别切成8块三角形，摆进碗里砌叠在第1块面皮上面。再把炊好的馅料放上，然后把最后1块面皮压成直径18厘米的圆形块盖在上面，用手把面粉皮的边缘卷成索形边（即是锁边）。

4. 将做好的莲花鸡放进蒸笼炊10分钟，取出翻过另一个盘，在面皮中间划开翻开面皮即成。

栗子焖鸡

名菜故事

唐代著名医学家孙思邈在《千金要方》中记载"栗为肾之果，肾病肾虚者常食效果显；肾为生命之源，肾健则长寿也"。栗子搭配鸡肉，补肾虚、益脾胃，适合于肾虚人群食用，也是一般健康人强身健体的美味佳肴。栗子具丰富的营养成分，有糖类、蛋白质、脂肪、维生素，以及钙、磷、铁、钾等微量元素，这些都是人体必需的物质，所以吃栗子对身体非常有益。

烹调方法

焖法

风味特色

浓香入味、肉质鲜嫩

知识拓展

栗子也可以换成莲子，就是莲子焖鸡。干莲子在焖之前要进行涨发处理，并去除莲子心，涨发不能过火，过火会造成焖制过程容易烂，影响造型及菜品质量。

原材料

主副料 毛鸡1只（约125克），栗子肉200克

料　头 湿冬菇15克，葱度10克

调味料 绍酒10克，味精5克，蚝油15克，精盐5克，二汤400克，花生油750克（耗油100克），淀粉20克，胡椒粉0.2克，芝麻油2克

工艺流程

1. 将毛鸡宰杀后，用热水烫透脱毛，剖腹，取出内脏洗净，斩去头、脚、翼尖，鸡身斩成长4厘米、宽2.5厘米的块状，加入精盐3克、味精3克拌匀，再加入淀粉10克待用。

2. 将栗子肉煮熟，除掉外膜待用。将炒鼎烧热，放入花生油，把栗子炸过捞起，再将鸡肉和湿冬菇用油炸过捞起。把鼎中的花生油倒出，先把鸡肉倒入鼎中，洒入绍酒，稍炒几下，加入二汤、栗子、湿冬菇、精盐、味精、胡椒粉、蚝油，盖上鼎用中火炊8分钟后，再加入葱度、芝麻油搅匀即成。

技术关键

1. 鸡的初加工要符合要求，确保卫生，鸡的刀工处理要均匀。
2. 焖制的时候需要注意把握好时间。
3. 勾芡时加入少量花生油，以增加菜肴光泽。

生炒鸡米

名菜故事

生炒鸡米是潮汕地区地道的特色菜肴，选用鸡胸肉做主料，肉质鲜甜，与马蹄、冬菇、火腿、韭黄同炒，更特别的是加上浙醋佐味再用生菜包卷，质感特别，且不腻。营养丰富，广受欢迎。鸡肉的蛋白质含量比例较高，而且容易消化，很容易被人体吸收利用，有增强体力、强壮身体的功效。

烹调方法

炒法

风味特色

香鲜，脆嫩

知识拓展

在潮汕地区，鸡是人们推崇的"吉祥物"，在潮汕民俗活动中处处可见鸡的踪影，扮演着不可或缺的角色。

原 材 料

- **主副料** 鸡胸肉300克，马蹄200克，冬菇75克，火腿25克，火腿末5克，韭黄50克，鸡蛋3个，生菜500克
- **料　头** 芫荽25克，葱花1克
- **调味料** 味精2.5克，绍酒5克，精盐4克，川椒末1克，淀粉5克，胡椒粉0.5克，上汤25克，猪油100克，浙醋2小碗

工艺流程

1. 将鸡胸肉、马蹄、冬菇、火腿、韭黄均切成米粒状大小，盛在碗内，加入鸡蛋清、味精、精盐、淀粉拌匀成鸡肉火腿米，待用。葱花和川椒末一起剁烂成蓉待用。

2. 用一只小碗，加入上汤、味精、精盐、胡椒粉、淀粉调和成芡汁待用。

3. 炒鼎烧热加入猪油，将葱花先下鼎炒香，倒入鸡肉火腿米炒熟，烹入绍酒、芡汁，颠翻几下起鼎装盘，上面撒上火腿末即成。生菜剪成圆形盛盘（作包料用），附浙醋2小碗、芫荽上席。

技术关键

要注意火候，碗芡要搅拌均匀

干炸肝花

名菜故事
干炸肝花是一道潮州地方传统名菜，此菜粗材细作，美味可口，深受广大顾客喜爱。

烹调方法
炸法

风味特色
酥脆、香嫩

技术关键
1. 猪网油分成2份，洗净，晾干待用。
2. 将腐皮用湿布拭过，回软后摊在砧板上，将猪肝料放在腐皮上，卷成直径约3.5厘米的圆卷。
3. 再包上猪肉油，共包制2条，然后放进蒸笼，用文火蒸约15分钟。

知识拓展
猪肝也可以用于炒、做汤、卤等操作方法。

原材料

主副料 猪肝500克，白膘肉150克，猪网油200克，腐皮1张

料头 姜4片，葱度15克，芫荽15克

调味料 川椒末1克，绍酒3克，酱油1克，味精5克，甜酱2小碟，花生油1000克（耗油100克），淀粉25克，精盐、面粉少许

工艺流程

1. 将猪肝、白膘肉切成片，放在碗内，加入绍酒、酱油、味精、精盐、葱度、姜片一起拌匀，腌10分钟后再用清水洗干净捞出。挤干水分，放在碗内，加入川椒末、绍酒、酱油、味精、精盐、淀粉拌匀待用。

2. 将腐皮用湿布拭过，回软后摊在砧板上，将拌匀的猪肝放上，白膘肉放在猪肝上面，再放上葱度，卷成直径约3厘米粗的圆卷，再包上洗净的猪网油，放进已抹油的竹筛，上蒸笼炊10分钟。取出，用竹针在上面戳些小孔，再上蒸笼炊20分钟取出。

3. 烧热炒鼎放入花生油，待油温达七成热时，把猪肝卷上薄粉下油鼎炸至金黄色时取出，切件摆在盘内，用芫荽围边便成。上席时跟上2小碟甜酱。

锡纸陈皮骨

名菜故事

陈皮味甘、性温，常被众多家庭用作调料使用，有理气健脾、祛湿化痰的功效。排骨以陈皮为主味，其味芳香，用锡纸包裹，其味不易挥发，且能保留陈皮的甘香，夏天食用为佳。

烹调方法

炸法

风味特色

味道香醇，肉质嫩爽

技术关键

排骨要腌制入味，锡纸包裹要严实。

知识拓展

陈皮也可以换成豆酱制作成豆酱骨。

原 材 料

- **主副料** 排骨10条（每条长约7厘米），陈皮1小块，锡纸10小张
- **料　头** 青葱1条，生姜1片
- **调味料** 精盐5克，味精3克，鸡粉4克，白酒3克，芝麻油3克，胡椒粉0.1克，白砂糖2克

工艺流程

1. 将陈皮用水浸软，剁碎待用。排骨装在大碗，把已剁碎陈皮连水倒入排骨内，再放入精盐、味精，先用手搅拌均匀，再加入白酒、鸡粉、青葱、胡椒粉、白砂糖、生姜片，搅拌均匀，待腌制15分钟（也可放入冰柜保鲜）待用。

2. 锡纸每张剪成10厘米×10厘米大，把已腌制好的排骨加入芝麻油拌匀，把每条排骨分别放在锡纸上，然后包成条状待用。

3. 将鼎洗净烧热，放入花生油烧热，候油温约180℃时，将包好的排骨放入鼎内炸，用慢火炸8分钟即熟，捞起，分别放在盘上即成。

潮式风味菜烹饪工艺

酸甜咕噜肉

名菜故事

咕噜肉原名"古老肉"。《尚书·说命下》有云:"若作和羹,尔惟盐梅。"故梅子又称和羹实。这说明,在古代调和羹汤所用的酸味,主要用梅子一类的酸果。原来咕噜肉用的作料也是红果汁和橘汁的,现虽改为糖醋类,但人们仍以"古老肉"名之。京音"古老",粤音读作"咕噜",所以也就成为咕噜肉了。此菜肴金黄色酸甜味,很引人食欲,夏天食用最宜。

烹调方法

炸法、炒法

风味特色

肉质酥香,汁味酸甜

知识拓展

此菜肴可入菠萝制作成菠萝咕噜肉。

·○· 原 材 料 ·○·

主副料 瘦猪肉300克,马蹄50克,鸡蛋1个

料 头 葱度几段,辣椒几片

调味料 淀粉100克,白砂糖150克,五香粉5克,绍酒5克,白醋25克,茄汁10克,花生油1500克(耗油75克),姜米、酱油各少许

工艺流程

1. 将瘦猪肉用刀片成薄片,后再用花刀切成菱形块状,盛进碗里,加上少许酱油、清水、鸡蛋液、淀粉一起拌匀。马蹄切片。

2. 炒鼎上火,将花生油烧热,把拌好的瘦猪肉逐片熘下油鼎炸透,倒入漏勺沥油。

3. 姜米、辣椒片、马蹄片、葱度放进油鼎炒香,渗入白砂糖、白醋、五香粉、绍酒、茄汁、生粉勾芡,再将炸好的瘦猪肉片倒下鼎里即炒即起。

技术关键

瘦猪肉要先腌制,确保入味。

焖角玉肉

名菜故事

焖角玉肉也有称"焖结玉肉",是潮汕地区的一道意头菜。因鸡蛋花型似玉,2朵鸡蛋花形容2个有缘人结合在一起,故称结玉,寓意喜结良缘,是婚宴中一道祝福的菜肴。

烹调方法

炸法、焖法

风味特色

造型美观,味道浓香

技术关键

1. 瘦猪肉要剞上刀法,以便腌制入味。
2. 掌握好焖制时间。

知识拓展

焖结玉鸡也同此法。

主副料 瘦猪肉400克,面粉100克,熟鸡蛋1个,鸡蛋2个,湿冬菇15克

料　头 笋花几片,红辣椒1条,葱几条,姜几片

调味料 精盐5克,味精5克,鸡粉5克,上汤75克,绍酒5克,芝麻油2克,花生油1000克(耗油100克)

工艺流程

1. 瘦猪肉用刀片开,使用花刀把肉切横、直条纹,用姜、葱、绍酒腌过摊在盘里,撒上面粉。把2个鸡蛋打散,抹在肉上,然后下油鼎用花生油炸至金黄色捞起待用。湿冬菇、红辣椒切片。

2. 把冬菇片、笋花、红辣椒片、精盐、味精、鸡粉和炸好的肉一起放在鼎里,加入上汤焖约5分钟后把肉捞起,放在砧板上切成3厘米长的块状,放在盘里,将冬菇片、笋花、红辣椒片摆在肉上面,再把熟鸡蛋去壳刻锯齿花纹分成两半摆在肉上面两边,将原汤用薄淀粉水匀芡淋上,滴上芝麻油即成。

酸甜猪肝

名菜故事
糖醋是淡黄色液体，有刺鼻的醋酸味。糖醋可以制作成很多的食物，比如糖醋排骨、糖醋猪肝等，也很受人们的喜爱。

烹调方法
炒法

风味特色
酸甜嫩香

知识拓展
糖醋具有生津开胃和美容的功效。但胃酸过多者及消化道溃疡者不宜食用。

原材料
- **主副料** 猪肝300克，菠萝100克
- **料　头** 葱度10克，番茄1粒
- **调味料** 白砂糖150克，白醋125克，淀粉35克，酱油10克，芝麻油5克，花生油750克（耗油75克）

工艺流程
1. 将猪肝、番茄、菠萝分别切成片。把猪肝放在碗内，加入酱油、淀粉，拌匀上浆待用。白砂糖、白醋煮成糖醋汁，待用。
2. 烧热炒鼎倒入花生油，待油温达180℃时，将猪肝下油鼎拉熟后，连油倒入笊篱内沥去油分。原热鼎内放入菠萝片、葱度炒一炒，加入糖醋汁烧开后，用淀粉打芡，倒入猪肝、番茄推匀，颠翻几下，淋入芝麻油，起鼎装盘便成。

技术关键
1. 猪肝的白色筋膜要去净。
2. 控制好拉油的油温。

南乳扣肉

名菜故事

此菜是以五花肉为主料,南乳为主要调味料,配以芋头炊制后扣在碟中而成。色泽铁红,肉质烂而不糜,芋头松粉,肉富芋味,芋有肉香,风味别致。

烹调方法

炸法、焖法

风味特色

肉烂香滑,带有南乳香味

技术关键

1. 炸五花肉时要注意安全,因皮遇高温油时会溅出油花。
2. 五花肉要够火候,以肉软烂为度。

知识拓展

操作要领:摆砌要整齐、紧密;原料刀工要均匀;根据肉料需要掌握火候和时间。

原材料

- **主副料** 五花肉700克,芋头250克,南乳1块
- **料　头** 姜、葱各10克,蒜末5克
- **调味料** 花生油750克(耗油100克),味精5克,酱油10克,雪粉25克,南乳汁适量,白砂糖15克

工艺流程

1. 五花肉切成长5厘米、宽1厘米长方形块,用酱油和雪粉水拌匀,然后放进油鼎中用花生油炸透捞起。

2. 把南乳汁滤过,加入南乳块(要先研碎)和姜、葱、白砂糖、味精和炸好的五花肉块一起拌匀,落鼎用慢火焖约15分钟左右盛起,候用。

3. 把芋头切成长5厘米、宽3厘米的方形块,用花生油炸过后捞起。把五花肉块和芋头块间隔排列盛入餐碗中,放进蒸笼约炊15分钟左右,取出翻置入餐碗中。

4. 原汤落鼎,用薄淀粉勾芡,加入蒜末淋上即成。

潮汕肉冻

名菜故事

潮汕肉冻是用含有丰富胶质的汤液作为菜品的成形物。这些汤液可以由主副料直接熬制而成，制成凉菜。也可以用琼脂等其他胶质物质熬制，加入经过熟处理的主副料混合起来，经过冷却凝结成型。成型的方式可以是整体成型，再用刀分割，也可以利用模具成型。成品具有清爽柔滑、滋味凉润、晶莹透亮、形状规则等特色。

烹调方法

熬法、凉冻法

风味特色

晶莹透彻如水晶，味鲜软滑，入口即化，肥而不腻

技术关键

1. 原料初步处理要干净。
2. 汤汁滚后及时去除浮沫。

知识拓展

根据此原理可以制作鱼冻。

○ ○ 原 材 料 ○ ○

- 主副料：五花肉500克，猪手750克，猪皮250克，清水1500克
- 料 头：芫荽25克
- 调味料：鱼露15克，味精3.5克，冰糖12克，猪油6克，明矾1克

工艺流程

1. 将五花肉、猪手、猪皮刮洗干净，分别切成块（五花肉每块重约100克、猪手每块重约200克、猪皮每块重约50克）。

2. 将上述肉料飞水后，用清水洗净。砂锅内放清水烧沸，加入冰糖、猪油和鱼露，放入竹篾片垫底。把五花肉、猪手和猪皮放在上面，在中火炭炉上或煤气炉上烧沸，后转用文火熬3小时至软烂取出，捞起肉料，去掉猪皮，放入干净砂锅内（皮向下）。

3. 将原砂锅内浓缩的原汤750克，放回炉上烧至微沸，加入明矾，去浮沫，再加入味精，用洁净纱布将汤滤过后，倒入已放肉的砂锅，放在炉上烧至微沸。然后将锅端离火口，冷却凝结后，取出切块放在盘中，用芫荽叶伴边，以鱼露佐食。

普宁豆酱骨

名菜故事

孔子曰："不得其酱不食。"善于用酱，是厨艺的一个关键。此菜选用普宁所产的豆瓣酱，并加芝麻酱、白砂糖等调匀而成。这种酱料味醇而馨香，所烹制的菜肴，色金黄，肉质嫩滑，鲜香浓烈。是潮汕地区最有名的调味酱。

烹调方法

焗法

风味特色

鲜嫩香醇，有浓郁的豆酱味

知识拓展

焗可分为砂锅焗、盐焗、炉焗、汁焗4种。此菜为砂锅焗。

原材料

主副料 排骨约100克，金瓜600克

料　头 生姜2片，青葱3根

调味料 普宁豆酱，白砂糖20克，白酒2.5克，芝麻酱15克，芝麻油5克，花生油50克，味精5克，淀粉40克，二汤适量

工艺流程

1. 将排骨斩成长6厘米的段，用清水浸洗干净，装入盆中，加入普宁豆酱、白砂糖、芝麻油、白酒、味精、生姜、青葱搅拌均匀，腌制15分钟。

2. 砂锅中垫上竹篾，放入排骨、姜、葱，从锅边淋上二汤，再把花生油淋在排骨上面。砂锅用锅盖盖密，四周封上湿纸，快火煲滚后改中慢火焗30分钟即成。

3. 将金瓜去皮，切成4厘米长的条块，用中温油炸熟。把已焗好的排骨和炸好的金瓜放入盘中，过滤掉排骨原汁，将少许芝麻油和淀粉混合后煮开，分别淋在排骨上即成。

技术关键

1. 在腌制排骨时一定要腌够时间，否则不入味。
2. 在焗时要掌握好火候及时间，否则会烧焦，影响质量。

南乳炊排骨

原材料

- **主副料** 净排骨500克，南乳1块
- **料　头** 姜丝15克
- **调味料** 绍酒3克，精盐2克，味精2克，淀粉10克，花生油少许

工艺流程

1. 将排骨洗净剁块。
2. 排骨加入南乳、绍酒、精盐、淀粉、花生油、味精和姜丝腌制10分钟，排在盘上，放入蒸柜中火炊20分钟即可。

技术关键

1. 排骨剁块大小均匀。
2. 腌制时间要够。
3. 蒸的火力为中火。

知识拓展

排骨可以制作豉汁蒸排骨、椒盐排骨等。

名菜故事

将上好的猪肋骨去头尾，留中间肥瘦相间部分，加绍酒、芝麻油、蒜头腌制8小时，加入家乡南乳蒸出。排骨鲜嫩，香味扑鼻，下饭最佳。

烹调方法

炊法

风味特色

排骨鲜嫩，香味浓郁

沙茶粉肠结

名菜故事

猪粉肠是猪内脏之一，经过加工处理，并且把猪粉肠打上结，与一般的猪粉肠食用效果有所不同。一般猪粉肠就是熬烩后质感一般，经过打结能使猪粉肠有爽脆的感觉，而且配上潮汕地区特有的沙茶酱烩制使菜品更加有地方风味。

烹调方法

熬法、烩法

风味特色

沙茶香味浓郁，爽口清脆

知识拓展

猪粉肠的初步加工主要是要洗净血污。

原材料

主副料	猪粉肠（甜粉）1000克
料 头	生姜10克，葱10克
调味料	沙茶酱100克，芝麻酱20克，白砂糖5克

工艺流程

1. 将猪粉肠搓少许精盐，用清水洗净，然后打结，飞过水待用。
2. 把飞过水的猪粉肠结放入锅内，加入姜、葱和清水熬至熟透，大约30分钟即可。
3. 把熬好的猪粉肠捞起候凉后再用剪刀在每一个结的中间剪断，形成结粒状待用。
4. 将沙茶酱、芝麻酱、白砂糖放入鼎中，用少许清水开稀煮开，然后放进猪粉肠结搅拌均匀，上碟即成。

技术关键

1. 一定要在熬制前把猪粉肠打结，否则就没有特式。
2. 在熬制时一定要掌握好火候，不能太硬或太烂，以免影响质地。

三、潮式地方风味菜

海丰狮子头

名菜故事

海丰狮子头是公平地区久负盛名的传统名菜，盛传300余年，逢年过节家家均会制作，美称"日兴大团圆"。具有肉质鲜嫩、质感软嫩的特点。此菜是将肥七瘦三的五花肉切成石榴粒状后再剁成馅，加虾仁末、冬菇末、肥猪肉末、方鱼末、黑木耳末、马蹄末，制成拳头大小丸子。鼎内油加热至七成热的时候，把肉丸放入炸至变色后捞出控油，然后放入高压锅，加入墨鱼脯，微火炖约40分钟即可。此菜脍炙人口，深受人们欢迎。

烹调方法
炖法

风味特色
芳香浓郁，肉质鲜嫩

技术关键
1. 选用肥七瘦三的五花肉。
2. 捏成肉丸后下油鼎炸定型。
3. 炖的时间要足够。

○○ 原 材 料 ○○

主副料 五花肉600克，马蹄100克，肥猪肉150克，油菜心10棵，泡好黑木耳15克，鸡蛋1个，墨鱼脯100克，虾仁50克，发好香菇10克，方鱼末10克，汤水适量

调味料 精盐4克，味精3克，白砂糖5克，胡椒粉0.5克，蚝油10克，酱油5克，绍酒3克，淀粉15克，花生油1000克（耗油10克）

工艺流程

1. 将五花肉洗净，去皮，剁成肉末；肥猪肉、虾仁、马蹄、香菇、黑木耳剁成末，压干水分待用；油菜心用刀修整后待用。

2. 把剁好的五花肉末、肥猪肉末放入容器中，加入虾仁末、马蹄末、方鱼末、香菇末，打入鸡蛋，再加入酱油、淀粉、味精、精盐2克，充分搅拌均匀上劲，然后用手捏出丸子备用。

3. 炒鼎中倒入花生油，烧至七成热，放入肉丸子，炸至外表呈金黄色，捞出沥油。

4. 将炒鼎中的油倒出，再放回丸子，加入墨脯、适量汤水，大火烧开，改小火烧约40分钟，加入白砂糖、胡椒粉、蚝油、酱油、绍酒，烧至汤汁快收干，最后用淀粉勾芡盛出，盘子边上围上飞过水的油菜心即成。

知识拓展
五花肉可以制作卤肉、馅料、扣肉等。

梅菜炊肉饼

名菜故事

梅菜是梅州地区、惠州地区土生土长的著名特产，有着360多年的种植、制作历史。相传为梅仙姑送的菜种，故叫梅菜。现在，在汕尾较为盛兴。

烹调方法

炊法

风味特色

味道浓郁甜香、肥而不腻

知识拓展

梅菜经过涨发洗净后，还可以根据需要制作出梅菜扣肉、梅菜鸡等风味菜肴。

原材料

- **主副料** 涨发好梅菜150克，肉碎250克，马蹄30克，香菇30克
- **料　头** 葱10克
- **调味料** 精盐5克，味精3克，芝麻油、淀粉、花生油适量

工艺流程

1. 涨发好的梅菜洗干净剁碎备用，马蹄、香菇也剁碎备用。
2. 将梅菜、马蹄、淀粉、香菇、肉碎混合在一起拌均匀，加入精盐、味精、芝麻油调味。
3. 将梅菜肉碎放入盘中铺平整，下鼎炊熟备用。
4. 葱切葱花，撒在梅菜肉饼上面，鼎烧热花生油，淋到肉饼上面即可。

技术关键

梅菜要涨发透，洗净咸味。

红炖羊排

名菜故事

羊肉既能御风寒，又可补身体，适合于冬季食用，故被称为冬令补品，深受人们欢迎。但由于羊肉有一股羊膻味，而不受部分人喜爱，故此菜选用南姜、老姜等辅料一起进行烹调，即能够去其膻味而又可保持其羊肉风味。

烹调方法

红炖法

风味特色

色泽红润，肉质香嫩，味道浓郁

技术关键

1. 羊皮涂抹酱料要均匀。
2. 羊肉炸时油温在七成，要盖上盖防止油溅出来。
3. 羊肉炖制火候要够，改刀时要均匀。
4. 羊肉扣碗时应保持形状不散。

原 材 料

- **主副料** 连骨羊肉1200克
- **料　头** 南姜片25克，老姜25克，大蒜50克，芫荽头50克，红辣椒30克，洋葱100克，番茄100克。
- **调味料** 味精5克，五香粉0.1克，蚝油10克，酱油15克，精盐6克，芝麻油5克，淀粉20克，花生油1000克（耗油100克），白砂糖，醋2小碟

工艺流程

1. 将羊肉洗净，放进开水里煮10分钟捞起，再洗干净晾干待用，然后用酱油5克，加入淀粉10克拌匀，抹在羊肉的皮上待用。

2. 将炒鼎烧热，放入花生油，候油热时把羊肉投入油中炸，炸至呈金棕色捞起，把南姜片、大蒜、芫荽头、老姜、羊肉一起放入已先垫有竹篾片底的鼎里，加入清水约150克和五香粉、红辣椒、精盐、蚝油，先用猛火煮开，后转慢火炖。炖至肉烂时捞起，拆去骨，肉用刀改成块片状，砌在碗里（肉皮向碗底），加入原汁放在蒸笼里炊10分钟取出待用。

知识拓展

羊肉在潮州菜中应用广泛，可炖、可焖、可卤等。

3　把洋葱和番茄洗净切片，下鼎爆炒过放在盘底，再把羊肉放置在盘中。原汁下鼎烧热，调入味精、芝麻油等味料，加入淀粉勾芡，淋在羊肉上面即成。上席时，配上南姜末、白砂糖、醋2小碟做佐料。

脆皮大肠

名菜故事
脆皮大肠属于潮州菜,皮脆味甘香,肥而不腻。以潮州甜酱佐食,更具特色。

烹调方法
卤法、炸法

风味特色
脆皮爽口,嚼有韧劲

技术关键
1. 大肠清理干净,但里面油不能去掉太多。
2. 卤大肠时不能过烂。

知识拓展
碟边伴香菜、酸黄瓜或酸萝卜均可,淋下胡椒油,配2碟潮州甜酱。

原材料

主副料 猪大肠头750克,清水2000克

料 头 甘草5克,桂皮5克,八角5克,南姜片25克,香菜25克

调味料 酱油100克,白酒25克,精盐10克,生粉少许,花生油适量,胡椒油15克,潮州甜酱2小碟

工艺流程

1. 猪大肠头洗干净,用开水煮熟,过冷水,洗干净候用。

2. 炒鼎下清水,投入酱油、精盐、白酒、南姜片、甘草、桂皮、八角,水开时投入猪大肠头,用慢火卤之,卤至筷子插得入为度,即取起猪大肠头,卤汁不要。

3. 猪大肠头放入蒸笼,蒸热取出,马上抹上淀粉。

4. 炒鼎下花生油,把猪大肠头炸至金黄色,以皮脆为度。捞起,改段长约5厘米,大段4件、中段3件、小段2件,摆放碟里,碟边配香菜,将胡椒油淋上即成。上菜时配潮州甜酱2小碟。

潮式风味菜烹饪工艺

揭阳炸果肉

名菜故事

炸果肉是潮汕地区一道传统小吃，在揭阳也有不同的制作方法。揭阳炸果肉外酥里嫩，非常爽口，常常出现在节日的宴席上。在揭阳当地，林准兴师傅将其作为店中的招牌菜来继承和发扬。

烹调方法

炸法

风味特色

色泽金黄，皮酥肉嫩

知识拓展

炸就是以较多的油量、较高的油温对菜肴原料进行加热，使其着色或使其达到香、酥、脆的质感，经调味而成一道热菜的方法。

原材料

- **主副料** 猪肉500克，马蹄250克，方鱼25克，鸡蛋2个，腐皮2张
- **料　头** 生葱200克
- **调味料** 淀粉100克，白砂糖、味精、精盐、川椒各少许，花生油适量，橘油2碟

工艺流程

1. 将猪肉切粒，马蹄、方鱼切碎，生葱取葱头后切碎，加入川椒、白砂糖、味精、精盐、鸡蛋一起搅拌后，再加入淀粉拌匀，做成馅料。
2. 将腐皮摊开，把馅料放在上面再卷起成长条状，切成3厘米的长块。鼎烧热，用花生油慢火炸至金黄色即可，上菜时配橘油2碟。

技术关键

1. 在包卷果肉时一定要扎实，否则会松散。
2. 控制好油温，以免外焦里不熟。

子姜焖鸭

名菜故事

子姜焖鸭是汕尾特色风味菜，也是沙溪、大涌一带最有名的家乡菜，一般以选用洋鸭、北京鸭等肌肉丰满的鸭种为好。这种菜式不但在炊制时其香满屋，吃时更是香味诱人，加上子姜的轻微辣味，更觉醒胃怡神。

烹调方法

焖法

风味特色

香嫩可口、姜香味道浓郁

原材料

- **主副料** 光鸭肉600克，子姜150克
- **料　头** 红椒5克，老姜片5克
- **调味料** 精盐4克，味精2克，高汤400克，花生油50克

工艺流程

1. 将光鸭肉洗干净后剁碎块，子姜切粗丝，红椒切块。
2. 炒鼎烧热后下花生油，加老姜片略炒后下鸭肉炒至皮收缩、出油，加入高汤焖至鸭肉软烂，去掉老姜片，加入精盐、子姜丝炒均匀后再略焖，下味精调味后起鼎装盘即成。

技术关键

1. 鸭肉要炒至皮收缩出油。
2. 焖的火候要够。

知识拓展

鸭也可以炖汤、红炊、白卤等烹调法。

南乳鸡翅

名菜故事
南乳又叫红腐乳，是用红曲发酵制成的豆腐乳。它表面呈枣红色，内部为杏黄色，味道带脂香和酒香，而且有点甜味。

烹调方法
炸法

风味特色
外皮酥脆，鸡翅有浓郁的南乳香味，味香浓郁

主副料	鸡中翅500克，南乳块2块，清水适量
料　头	姜5克，蒜5克，葱5克
调味料	南乳汁10克，高粱酒1克，花生油200克

工艺流程

1. 将鸡中翅洗净沥干，姜、蒜切成末，葱切段。南乳块加南乳汁碾碎后，加入姜、葱、高粱酒做成腌汁，腌制鸡中翅4小时备用。

2. 热鼎下花生油，将腌制好的鸡中翅煎至两面金黄。

3. 倒入之前腌制鸡翅的腌汁，加入热水用大火烧开，再转小火煮五六分钟，大火收汁，装盘即成。

技术关键
自发粉调成脆皮浆要用筷子插入浆中，浆能够裹住筷子即可。

知识拓展
南乳做出的美食之中，顺德特产的大良硼砂最为脍炙人口，它是由面粉拌南乳、猪油、白砂糖等配料制成的传统食品。而远近闻名的云浮特产南乳花生，也是十分美味的，它更是下酒的上乘小食。

揭西酿豆腐

名菜故事

揭西酿豆腐也称为肉末酿豆腐，据说与北方的饺子有关。通常将油炸豆腐或白豆腐切成小块，在每小块豆腐中央挖一个小洞，用香菇、碎肉、葱蒜等佐料填补进去，然后用砂锅（鼎）小火长时间煮，食时再配味精、胡椒等调料即可。

烹调方法

酿法

风味特色

鲜嫩滑香，味道鲜美

知识拓展

豆腐里含有氯化镁、硫酸钙这2种物质，和菠菜中的草酸可生成草酸镁和草酸钙。这两种白色的沉淀物不能被人体吸收，不仅影响人体吸收钙质，而且还容易患结石症。

原材料

主副料 豆腐500克，猪肉150克，虾米、咸鱼、汤水适量

料　头 蒜头少许

调味料 精盐3克，味精3克，花生油100克，淀粉、生抽适量

工艺流程

1. 猪肉剁成肉末，豆腐切成三角块（切方块也可以）。将虾米、咸鱼、蒜头切末加入切好的猪肉末中，加少量生抽与精盐调味（加入少许淀粉）做成肉馅。

2. 用小勺在豆腐中间挖出一个洞，将调味好的肉馅嵌入其中。

3. 平底鼎中抹少量的花生油，将豆腐块放入鼎中煎，其他几面均煎成焦黄后，再翻面到有肉馅的一面略煎。

4. 豆腐煎好后盛出待用，将调味料放入鼎中煮沸，浇在煎好的豆腐上即可。

技术关键

豆腐在煎过程要注意肉馅不要掉下。

炸八宝豆腐

名菜故事

"八宝"有象征吉祥、幸福、圆满的含意。此菜以豆腐为主要原料,配以8种副料调合而成,通过炸的烹调方法,故名炸八宝豆腐。

烹调方法

炸法

风味特色

外酥内嫩,香味可口

技术关键

1. 在压豆腐时一定要均匀压烂,否则影响成品的嫩滑度。
2. 在炸制时要掌握好火候,否则易造成烧焦或不熟,影响质感。

知识拓展

以较多的油量、较高的油温对菜肴原料进行加热,使其着色或达到香、酥、脆的质感,经调味而成一道热菜的方法称为"炸"。

原材料

- **主副料** 豆腐200克,鲜虾肉100克,肥猪肉50克,马蹄50克,虾米20克,火腿末、湿冬菇、芹菜末各10克,鸡蛋1个
- **调味料** 精盐10克、白砂糖5克、胡椒粉2克、芝麻油1克、花生油1000克(耗油100克)

工艺流程

1. 将豆腐用刀压成泥,鲜虾肉、肥猪肉、湿冬菇、马蹄均切成细粒,虾米浸洗后剁碎。
2. 把豆腐盛入盆内,加入鲜虾肉、肥猪肉、马蹄、虾米、火腿末、芹菜末、湿冬菇、精盐、白砂糖、淀粉、胡椒粉搅匀,再加入鸡蛋、芝麻油搅匀,做成直径18厘米、厚约2厘米的日字形豆腐饼。
3. 鼎加入花生油烧至160℃,把豆腐饼放入油中炸至表皮呈金黄色且熟透,再切成12件,装盘。

三、潮式地方风味菜

碧绿水晶盒

名菜故事

此菜炸后白肉晶莹剔透，透出碧绿色的馅料，形状似盒子，故名碧绿水晶盒。是一道创新的潮州菜。

烹调方法

炸法

风味特色

韭香浓郁，外脆里嫩

知识拓展

此方法肉皮不变，馅料可改变，如换成笋馅就可制成炸笋盒。

原材料

- **主副料**：猪白肉1000克，韭菜750克，鱼胶100克，鸡蛋2个
- **调味料**：精盐3克，味精2克，胡椒粉0.5克，淀粉20克，花生油1000克（耗油100克）

工艺流程

1. 将猪白肉冻硬后片成5厘米×8厘米的薄片24张，每张拍上淀粉待用。
2. 韭菜洗干净去头，切碎和上鱼胶，加入精盐、味精、胡椒粉拌成馅料，分成12份待用。
3. 将2片猪白肉片夹上韭菜馅，四周用鸡蛋清黏合，做成盒状12个。
4. 热鼎下花生油，待油温至140℃时，将韭菜盒粘上蛋清粉浆下油中炸至浅黄色捞起便成。

技术关键

1. 馅料要拌均匀，炸制时需要注意把握火候，中途要浸炸。
2. 捞起之前要适当提高油温，防止成品含油。

潮汕烧鹅

名菜故事

潮汕烧鹅是潮汕传统名菜，原来是用野雁做的。雁是受保护的野生动物，遂改用家鹅代替，制法不变，风味相仿。

烹调方法

烧法

风味特色

色泽紫红，皮脆肉嫩，甘香味浓，蘸甜酱食

技术关键

1. 卤制鹅要注意火候，用筷子插入胸肉无血水流出即熟。
2. 拍粉要均匀。
3. 捞起之前要适当提高油温，防止成品含油。

知识拓展

此菜所用的南姜是潮汕特产。皮红、肉黄，姜的香味浓。

原材料

- **主副料** 宰净肥鹅1只（2000克），桂皮5克，川椒3克，八角5克，甘草5克，南姜50克，清水3000克
- **料　头** 芫荽25克，酸甜菜150克
- **调味料** 胡椒油25克，精盐50克，酱油250克，白砂糖50克，绍酒50克，淀粉50克，花生油1500克（耗油100克）

工艺流程

1. 将桂皮、八角、川椒、南姜、甘草用小布包扎口后，放入瓦盆，加清水和酱油、精盐、白砂糖、绍酒，用中火煮开后，放入肥鹅，转用慢火滚约10分钟。倒出鹅腔内的汤水，再放入盆中，边煮边转动，约30分钟至熟（用筷子插入胸肉无血水流出即熟）。

2. 取出晾凉后，片下两边鹅肉，脱出四柱骨，把鹅骨剁成方块。用淀粉20克拌匀，另用淀粉30克涂匀鹅及皮，待用。

3. 用中火烧热炒鼎，下花生油，候油烧至约160℃，先放进鹅骨炸，后放进鹅肉炸（皮要向上），约3分钟后端离火位浸炸，边炸浸边翻动，约炸7分钟再端回炉上，继续炸至骨硬，皮脆，呈金黄色时捞起，把油倒回油盆。

4. 将鹅骨放入盘中，鹅肉用斜刀切成长6厘米、宽4厘米的块片盖在骨上面，用酸甜菜和芫荽叶拌边。将胡椒油淋在上面，以潮汕甜酱或梅羔酱佐食。

北菇鹅掌

名菜故事

北菇鹅掌是一道流传已久的菜品，鹅掌蛋白质的含量高，富含人体必需的多种氨基酸、维生素、微量元素，并且脂肪含量很低，不饱和脂肪酸含量高，对人体健康十分有利。根据测定，鹅脚翼蛋白质含量比鸭肉、鸡肉、牛肉、猪肉都高，赖氨酸含量比肉仔鸡高。

烹调方法

焖法

风味特色

胶滑醇香，浓香入味，美味可口

知识拓展

鹅掌也可以做红焖鹅掌，也可与鸽蛋、猪肚等做成"三仙鸽蛋"等。

原材料

- **主副料** 鹅掌10只，上汤250克，笋花30克
- **料　头** 湿冬菇50克，熟火腿片15克
- **调味料** 精盐5克，淀粉10克，芝麻油0.5克，味精5克，胡椒粉0.5克，老抽5克，花生油1500克（耗油75克）

工艺流程

1. 将鹅掌洗净，用开水煮熟（约煮25分钟），捞起晾干。脱去骨、筋、爪，每只切成3块，再用开水泡过，清水漂凉沥干待用。
2. 鼎下花生油，用中火将油温控制在150℃，将鹅掌炸2分钟捞起。
3. 湿冬菇去茎洗净，笋花切片后一起下炒鼎炒香，倒进鹅掌，加入上汤、老抽，用中火焖10分钟，再下味精、芝麻油、胡椒粉、精盐调味，用淀粉勾芡，放进熟火腿片，出鼎装盘即成。

技术关键

1. 鹅掌煮至时间应足够，脱骨保持整形。
2. 鹅掌下油鼎炸制时应保证无多余水分，油才不会乱溅。
3. 焖的火候要足够。

南午炖鸭

名菜故事

南午也称咸柠檬,是潮汕人对咸柠檬的称呼。咸柠檬是用精盐将新鲜柠檬腌制而成的。当地的柠檬圆珠形,形如乒乓球,皮青味微苦,因而用它制作出的咸柠檬特别下火,且腌制得越久的咸柠檬功效越强,所以潮汕人一般所用的咸柠檬都腌足1年。以咸柠檬炖鸭,甘咸微酸,清热下火,利咽润肺,是夏季时令菜肴。

烹调方法

炖法

风味特色

甘咸微酸,清醇可口,利咽清肺

技术关键

1. 光鸭初加工要处理干净。
2. 咸柠檬不能弄破。
3. 炖的火候要足够。

原材料

主副料 光鸭1只约750克,咸柠檬1粒约30克
调味料 精盐3克,味精2克,上汤1000克

工艺流程

1. 光鸭斩去鸭脚、翅尖、尾囊,在背部剖开,去除肺血、细毛,清洗干净。
2. 鼎下清水煮沸,将光鸭放入飞水后取出,用清水洗净。
3. 将咸柠檬整个放入鸭腔内(切勿弄破柠檬皮,否则汤汁有涩苦酸味),放入大炖盅内,注入沸上汤,将盅盖盖上,放蒸柜炖足2小时左右,取出后加精盐、味精调味即可。

知识拓展

鸭为餐桌上的上乘肴馔,也是人们进补的优良食品。鸭肉的营养价值与鸡肉相仿。但在中医看来,鸭子吃的食物多为水生物,故其肉性寒、味甘,入肺胃、肾、经,有滋补、养胃、补肾、除痨热骨蒸、消水肿、止热痢、止咳化痰等功效。鸭除了炖以外,还可以焖、卤、白灼等。

竹笋焖鸭

名菜故事

潮汕地区江河纵横，池塘密布，故鸭子特别肥美。又潮汕平原雨水充沛，土地肥沃，盛产竹笋。竹笋味道清淡鲜嫩，营养丰富，含有充足的水分，丰富的植物蛋白及钙、磷、铁等人体必需的营养成分和微量元素，特别是膳食纤维含量很高，常食有助消化，具有较高的药用价值。潮州菜把它们做成竹笋焖鸭，这道菜取料便捷，荤素相搭，佐酒下饭，香清相宜，是经久不俗的经典潮州菜。

烹调方法

焖法

风味特色

口味浓香，肉质鲜嫩

知识拓展

主料鸭的烹调用途非常广泛，也可以用冬瓜做成冬瓜扣鸭，也是潮汕地区夏季的一道美食。主要是由冬瓜、鸭肉制作而成，软滑香醇，是夏令佳肴。

原 材 料

主副料	鸭肉400克，竹笋200克
料　头	蒜头10克
调味料	精盐5克，味精3克，绍酒10克，蚝油15克，胡椒粉1克，芝麻油2克，辣椒酱15克，芝麻酱10克，白砂糖5克，上汤500克，食用油750克（耗油100克），淀粉20克

工艺流程

1. 将鸭肉斩成长4厘米、宽2.5厘米的块状，竹笋煮熟后切角待用。

2. 鼎下食用油约50克左右，下鸭肉块炒香出油后加入蒜头、笋角略炒，下辣椒酱、芝麻酱、白砂糖、精盐、上汤。先旺火焖制约10分钟后转慢火焖10分钟。

3. 下味精、胡椒粉、芝麻油、绍酒、蚝油，用淀粉勾芡后下包尾油出鼎装盘即成。

技术关键

1. 光鸭肉刀工处理要均匀。
2. 鸭肉要炒香出油，焖制时要把握好时间。
3. 勾芡后加入少量食用油，以增加菜肴光泽。

（三）蔬果类

绣球白菜

名菜故事

绣球白菜是潮汕地区传统菜肴之一，其制作方法并不困难，选料简单，是一道非常不错的居家烹调菜肴。绣球白菜其实并非使用单一的白菜烹制而成，它是由猪肉、鸡肉、火腿、虾米、冬菇等美味食材组合而成的一道菜肴。在传统潮州菜中，绣球白菜和寸金白菜可以说是姐妹菜肴，它们在制作原理上有异曲同工之妙，只不过在具体制作方法上有所不同而已。

烹调方法

焖法

风味特色

此菜绣球花，醇香软滑

知识拓展

白菜营养丰富，菜叶可供炒食、精盐腌、酱渍。白菜还可以制作玻璃白菜、烧板栗白菜、鱼头熬白菜等。

原材料

- **主副料** 大白菜1棵（约1000克），鸡肉200克，熟火腿15克，鸡肫100克，瘦猪肉300克，香菇25克，芹菜茎50克
- **调味料** 胡椒粉0.5克，味精5克，淀粉15克，精盐10克，花生油750克（耗油100克），清汤500克

工艺流程

1. 大白菜洗净泡过开水，用清水漂洗修齐待用。
2. 将鸡肉、鸡肫、香菇、熟火腿切粒，放进炒鼎，加入调味料、淀粉拌匀成馅料盛起待用。
3. 把大白菜放在砧板上整棵逐瓣拨开，将菜芯切掉，再将剩下白菜切瓣插入其间隙处，装上馅料。然后将各瓣菜叶围拢包密，用芹菜茎扎紧，蘸上淀粉水，放进鼎用六成热的花生油炸透捞起。
4. 在砂锅里放上竹篾片，再放入炸好的白菜，加入上汤，上盖瘦猪肉及4个香菇，先以旺火后转小火炖1小时左右取出，去瘦猪肉，将原汤加味精、精盐、胡椒粉，淀粉水勾芡淋上即成。

技术关键

1. 用芹菜茎扎紧绣球白菜不能让馅料漏出。
2. 在砂锅里放上竹篾片以防止粘底。
3. 焖的时间要足够。

三、潮式地方风味菜

厚菇芥菜

名菜故事

厚菇芥菜是潮州地区特色传统名菜。栽培食用芥菜已有几百年历史，每年盛产于秋末初冬，叶茎粗壮厚实，呈包心圆球，具有一种淡淡的清香辣味。

烹调方法

煲法

风味特色

菜香浓郁，嫩烂软滑，风味独特

原材料

主副料 大芥菜芯1000克，熟瘦火腿10克，浸发厚香菇75克，五花肉500克，猪骨500克，火腿骨50克

调味料 精盐10克，味精5克，胡椒粉0.5克，芝麻油5克，绍酒10克，淀粉10克，食用纯碱5克，上汤50克，淡二汤1000克，熟鸡油50克，猪油500克（耗油75克）

工艺流程

1. 将大芥菜芯洗净，切成两半。五花肉切成5块，熟瘦火腿切成5片，猪骨砍成5段。

2. 炒鼎放在炉上，下沸水2500克，加食用纯碱，放入大芥菜，飞水约半分钟取出，用清水漂去碱味。剥净大芥菜芯的外膜。炒鼎洗净放在中火上，下鸡油放入香菇略炒，加上汤50克和味精1克约煮半分钟盛起。

3. 用中火烧热炒鼎，下猪油，烧至五成热，放入大芥菜芯泡油约半分钟，倒入笊篱沥去油后倒入竹箅片垫底的砂锅里。将炒鼎放回炉上，放入五花肉块、猪骨、火腿骨略炒，烹入绍酒，

技术关键

1. 用碱水飞水芥菜心一定要用清水冲去碱味。
2. 焖煮的时候需要注意把握好时间。

知识拓展

芥菜可腌制成潮州小菜"咸菜""贡菜""酸咸菜"。

加淡二汤、精盐后倒入砂锅中加盖，用中火烤约40分钟取出。去掉五花肉块、猪骨、火腿骨，加入香菇，再烤约10分钟取出（留下浓缩原汁200克待用）。将大芥菜芯排在盘中，香菇放在盘的四周，熟瘦火腿排在大芥菜芯上面。

4 炒鼎洗净后放在炉上，倒入原汁，加味精4克、胡椒粉、芝麻油，用淀粉调稀勾芡，淋在大芥菜芯上面即成。

银杏白菜

名菜故事

银杏又称白果。食用银杏果可以抑菌杀菌，祛疾止咳，抗涝抑虫，止带浊和降低血清胆固醇。另外，银杏可以降低脂质过氧化水平，减少雀斑，润泽肌肤，美丽容颜。大白菜具有较高的营养价值，含有丰富的多种维生素和矿物质，特别是维生素C和钙、膳食纤维的含量非常丰富。银杏白菜是一道传统的特色名菜，银杏与大白菜搭配营养非常丰富。

烹调方法

焖法

风味特色

鲜嫩香醇，色泽美观

知识拓展

银杏虽然有食用功效，但不可与鳗鱼同食，也不宜多吃，更不宜生吃。

原材料

主副料 银杏150克，小白菜10棵，红枣10粒

调味料 上汤300克，精盐5克，味精5克，胡椒粉0.2克，芝麻油3克，花生油150克，淀粉15克

工艺流程

1. 将银杏用清水煮熟，破壳取肉，用清水滚过，再用清水漂洗去掉外膜待用。小白菜修整整齐，洗净待用。红枣洗净用清水浸泡过。

2. 将炒鼎洗净，烧热放入花生油50克，放入银杏先炒过，然后倒一半上汤和红枣焖3分钟，用碗盛起。把鼎洗净烧热，放入花生油100克烧热，投入小白菜爆炒。加入上汤，同时把银杏、红枣一起倒入，但白菜、银杏、红枣各归一边，焖3分钟。

3. 用圆形餐盘，把已焖好的小白菜逐棵夹起摆砌在盘间，菜头向中间，然后把银杏围在菜叶的周围，中间放上红枣。将原汤加入精盐、胡椒粉、味精，用薄淀粉水勾芡，再加入芝麻油搅匀淋上即成。

技术关键

银杏芯要去净，以免产生苦味。

碧绿薯苗羹

名菜故事
此菜是护国菜演变过来的，为方便制作，本菜不用按护国菜的要求来制作，以方便让更多的从业厨师制作。

烹调方法
烩法

风味特色
色泽碧绿，汤羹稠浓，香醇软滑

技术关键
1. 漂洗番薯叶时一定要漂净碱味。
2. 烩时要掌握火候，以免芡汁过稠或过稀。

知识拓展
可以使用菠菜叶、苋菜叶制作。

原材料
- **主副料** 番薯嫩叶1000克，草菇适量，开水2500克
- **调味料** 精盐3.5克，味精3.5克，芝麻油5克，淀粉15克，食用纯碱10克，上汤500克，鸡油50克，猪油150克

工艺流程
1. 将番薯叶择去叶梗后洗净待用，将草菇切粗粒，火腿切细粒。
2. 炒鼎内放开水，加入食用纯碱，放入番薯叶飞水约半分钟捞起，用清水冲泡去碱味后用干净毛巾吸干水分，用刀在砧板上剁碎，待用。炒鼎洗净放在中火上，下猪油50克烧热后，放入草菇和上汤200克，约焖5分钟盛起。
3. 炒鼎洗净放在中火上，下猪油100克，放入番薯叶略炒，加入草菇（连同汤）、上汤300克、精盐、味精约煮5分钟，用淀粉调稀勾芡，加芝麻油和鸡油推匀盛起，撒上火腿粒即成。

胡萝卜羹

名菜故事
胡萝卜富含胡萝卜素、维生素A等，通过这样加工易被人体吸收，是老年人和小孩食用的营养食物。

烹调方法
烩法

风味特色
色泽鲜艳美观，质感柔滑香醇，营养丰富

技术关键
1. 胡萝卜一定要经过煮熟才能搅拌。
2. 烩时要掌握火候，不能太糊。

知识拓展
也可用西芹制作成西芹羹。

原材料

主副料 胡萝卜750克，干贝75克，玉米粉50克，清水适量

调味料 上汤1000克，精盐5克，味精5克，鸡粉10克，胡椒粉0.1克，花生油100克，鸡油50克

工艺流程

1. 将胡萝卜刨掉皮，洗干净，用刀切成片。再把鼎洗净，放入清水，把胡萝卜片投入，煮开。候水煮开约5分钟时捞起，过一下冷清水，沥干待用。干贝用清水洗净后用清水浸约20分钟待用。

2. 把胡萝卜片用搅拌器搅烂，搅成胡萝卜泥，倒出待用。

3. 将鼎洗净，先放入花生油稍热一下，然后倒入上汤180克，再倒入胡萝卜泥和干贝，加入鸡粉、精盐，煮开。再加入味精、胡椒粉，搅匀。把玉米粉同少量清水调稀成粉水，然后逐渐倒入萝卜羹内，边倒边搅均匀，最后加入鸡油搅匀，用汤锅盛起即成。

百花白玉卷

名菜故事

此菜是使用冬瓜作皮，用鲜虾制成百花馅，这样一卷，冬瓜在外面，色如白玉，里面的百花馅经炆熟后透出了粉红色，非常美观，也是夏季最佳的菜肴。

烹调方法

炊法

风味特色

色泽明亮，清鲜爽滑

技术关键

1. 在卷包时一定要包实。
2. 在炊时要掌握好火候，否则影响质量。

知识拓展

百花馅可制作百花萝卜卷、百花竹笙卷等。

原材料

主副料 冬瓜500克，鲜虾肉200克，肥猪肉5克，火腿5克，方鱼末5克，鸡蛋2个

调味料 精盐5克，猪油10克，上汤200克，淀粉15克，味精5克，芝麻油2克，胡椒粉0.1克，花生油500克（耗油20克）

工艺流程

1. 将冬瓜去皮、籽，用刀切成长约12厘米、宽6.5厘米，再用刀片成12片薄片。然后把鼎洗净烧热，放入花生油，候油热至180℃，将冬瓜片放入，采用软油炸过，捞起，用清水漂洗干净待用。

2. 将鲜虾肉洗净，用干净布吸干水分，放在砧板上用刀拍成泥，然后剁成蓉，用炖盅盛起，加入精盐3克，鸡蛋清10克，用竹筷搅均匀至起胶，待用。再把肥猪肉、火腿切成细粒和淀粉5克、方鱼末一齐投入虾胶内搅匀。再把冬瓜片各片摊开拍上淀粉，放入虾胶，卷成筒状，摆列在餐盘里。

3. 把鸡蛋清抹在冬瓜卷的表面上，放入蒸笼炊约8分钟后取出，盘内汤汁倒掉。鼎内倒入上汤、味精、胡椒粉、芝麻油煮开，然后用淀粉水勾成薄芡加入猪油搅匀，淋在冬瓜卷在面上即成百花白玉卷。

三、潮式地方风味菜

鲜荷香饭

名菜故事

鲜荷香饭是使用新鲜莲叶作外表皮，用优质大米和各种主副料作馅料包制而成的。荷叶盛产于夏季，气味茗香，有清凉解暑的功效。

烹调方法

炒法、炊法

风味特色

造型美观，荷香扑鼻，味道清香

技术关键

1. 在炊饭要用猛火，才能使熟饭软松散。
2. 在炊时要掌握火候，否则荷叶不能碧绿鲜艳。

知识拓展

如果没有鲜莲叶，可用干莲叶代替。

原 材 料

主副料 优质大米250克，芋头200克，香菇10克，虾米15克，叉烧100克，鲜荷叶2大张，荷花2枝

料头 青葱50克，生姜20克

调味料 上汤200克，胡椒粉0.2克，芝麻油2克，花生油400克（耗油100克），鱼露10克，味精5克

工艺流程

1. 将大米用清水浸洗干净，用铝蒸盘盛放，加入上汤放入蒸笼用猛火炊成熟饭待用。再把芋头切成细丁，香菇浸洗后同叉烧分别切成细粒，虾米洗净后切碎，生姜剁成姜蓉，青葱洗净后切成葱珠。

2. 将炒鼎放入花生油，油热至油温约180℃时，把芋头丁放油内炸熟，捞起待用。把鼎里的油倒出，将鼎放回炉位，放进少量花生油，放进香菇粒、虾米炒香装起待用。青葱也用少量花生油炒香待用。将鼎放入少量花生油，姜蓉投入炒香，把米饭放入，炒拌均匀，再把香菇粒、叉烧粒、虾米、葱珠、芋头丁加入炒，并调入各种调味料拌匀待用。

3. 用1个大碗抹上花生油，把荷叶放入碗内，将已炒好的芋粒饭放进碗内的荷叶上，稍抹平，然后把荷叶包密，放入蒸笼炊10分钟。把餐盘洗净，抹净水分，把已炊好的荷叶饭翻转盖在餐盘上，再把荷花拆瓣，逐瓣围在荷叶饭的周围。上席时在席间用剪刀将荷叶的正中剪掉，露出圆形缺口即可。

冬瓜扣鸭

名菜故事

冬瓜是夏季的适时蔬果,能解暑气,又清凉祛火。鸭肉也是夏令最当时的食材,用冬瓜配上鸭肉扣在一起是夏季绝配的佳肴。

烹调方法

扣法、炊法

风味特色

软滑香醇,夏令佳肴

技术关键

1. 冬瓜飞水时不能过火,否则太烂影响质量。
2. 扣炊时一定要掌握好火候,否则会影响品质。

知识拓展

可以把鸭扣在金瓜、芋头或其他瓜类上。

原材料

主副料 冬瓜2000克,熟鸭胸肉400克,湿冬菇40克

料头 芹菜末30克

调味料 味精6克,精盐7克,上汤300克,胡椒粉0.2克,芝麻油3克,玉米粉5克,花生油500克(耗油75克)

工艺流程

1. 将冬瓜去皮,取用近瓜皮处的冬瓜肉(约3厘米厚),其余削掉不要。冬瓜用刀切成24片长方形,熟鸭胸肉也片成24片厚片。湿冬菇洗净,用刀改件待用。

2. 将炒鼎洗净,放入清水,候水滚时放进冬瓜片滚过捞起。把鼎里的水倒掉,洗净烧热,再倒入花生油,候油热至约150℃时,将冬瓜片投入,略炸片刻,连油倒回笊篱。再将炒鼎洗净放入开水,把冬瓜片放入滚过,去其油质。湿冬菇也放入鼎内用油炒香。然后把每一片冬瓜肉同一片鸭肉扣上,把湿冬菇放入,摆砌在大碗内(像扣肉一样)。摆砌完毕后,再加入上汤、精盐、味精,放进蒸笼炊15分钟,使冬瓜肉软烂入味便成。

3. 把已炊好的冬瓜鸭取出,用鲍盘覆盖反转扣在盘间,倒出原汤,倒入鼎内,用玉米粉开稀勾芡,加入芝麻油、胡椒粉、包尾油搅匀,淋在面上,再撒上芹菜末即成。

香酥茄夹

名菜故事

紫茄有说秋茄，是秋季最时令的食材。香酥茄夹是采用紫茄来夹入馅料，先炊熟然后用油炸至酥脆，是秋季时令佳品。

烹调方法

炊法、炸法

风味特色

外表酥脆，质地香醇

技术关键

酿夹时要严实，应避免茄与馅脱离。

知识拓展

此方法可以制作土豆夹、芋头夹等。

原 材 料

主副料 紫茄300克，鲜墨鱼200克，肥猪肉50克，叉烧50克，鸡蛋1个

料　头 蒜头8克

调味料 精盐5克，味精5克，胡椒粉0.2克，芝麻油2克，淀粉10克，自发粉100克，花生油1000克（耗油100克）

工艺流程

1. 将紫茄去蒂，刨去皮，切去头和尾，切成24块厚片状。鲜墨鱼洗净切成细块，加入味精、精盐，用搅拌器搅烂，搅成墨鱼胶，加入鸡蛋清、淀粉5克，再搅拌均匀待用。

2. 把肥猪肉、叉烧切成细粒，蒜头用刀剁碎一起加入墨鱼胶，同时加入胡椒粉、芝麻油再搅拌均匀。然后把茄片分别拍上淀粉，再把墨鱼胶分成12份，分别粘在已拍上淀粉的茄片上，再把另一片茄盖上夹紧，便成茄夹，用餐盘盛着，放进蒸笼炊约6分钟便熟，取出待凉候用。

3. 将炒鼎洗净烧热，倒入花生油候热。自发粉用碗盛着，加入清水60克、花生油10克，用筷子搅成稀浆，便成脆皮浆。待鼎内油温热至约180℃时，把每件茄夹粘满脆皮浆，放进油鼎内炸，炸至呈金黄色时捞起，盛装在餐盘上即成。

煎秋瓜烙

名菜故事
煎秋瓜烙是潮汕民间比较普遍会做的菜品，也是人们最喜爱的食物。制作方法较为简单，成本也较低，更是好食。特别在夏、秋季时可说家家户户都喜欢。

烹调方法
煎法

风味特色
清鲜软滑，甜滋醇香

技术关键
1. 秋瓜切时要均匀。
2. 烙时不要太猛火，已免烙焦、烧糊。

知识拓展
秋瓜烙可以做成咸的，也可以做成甜的。

原 材 料

- **主副料** 秋瓜（水瓜）500克，淀粉150克，澄面粉40克
- **料　头** 冬菜5克，青葱15克
- **调味料** 鱼露8克，味精5克，芝麻油3克，花生油75克

工艺流程

1 将秋瓜刨皮洗净，放在砧板上用刀切成条状，冬菜用刀剁成蓉，用汤盆盛着，放进鱼露、味精，用竹筷搅拌均匀，静置片刻，让其分泌出汁来，再加入淀粉、澄面、冬菜、芝麻油；青葱洗净用刀切成葱珠。所有材料同时投入盆内一起搅拌均匀便成秋瓜烙浆。

2 将不粘鼎洗净烧热，加入花生油25克。然后把秋瓜烙浆倒入稍搅匀，使其糊化，再抹平，用中慢火煎烙。煎好一面后再翻转过来煎烙另一面，边煎边放进花生油，煎烙至两面稍呈金黄色，熟透即成。

金华姜汁芥蓝煲

名菜故事

此菜中的金华是指汕尾有名的金华精盐焗虾脯（即用精盐焗熟后的虾晒干，属于地道的汕尾特色）。芥蓝的菜薹柔嫩、鲜脆、清甜、味鲜美，含纤维素、糖类等。其性辛、味甘，有利水化痰、解毒祛风、除邪热、解劳乏、清心明目等功效。与姜汁和虾脯同煲，使各种味道混合在一处，味咸，汁鲜，虾肉香。

烹调方法

煲法

风味特色

微苦回甘，味道鲜美

原材料

主副料 芥蓝600克，金华虾脯75克，五花肉100克

调味料 姜汁10克，精盐3克，味精3克，上汤200克，苏打2克，花生油100克

工艺流程

1. 芥蓝洗净切块，炒鼎下水煮沸，加入苏打，芥蓝飞水后捞起过冷水。五花肉切片。

2. 炒鼎下花生油，将五花肉片炒出油，加入金华虾脯炒香，下上汤、芥蓝煮沸后倒入砂锅，加入姜汁，放炉上煲至芥蓝软烂，下精盐、味精即可。

技术关键

1. 芥蓝要先进行飞水去除苦涩味。
2. 煲芥蓝的时候一定要放姜。

知识拓展

芥蓝在潮汕地区家常菜中应用广泛，也可炒芥蓝牛肉粿、炒芥蓝等。

鱼蓉西芹羹

名菜故事

鱼蓉西芹羹是使用西芹为主料，加鱼蓉烹制，两味结合是菜品最佳搭配。西芹有降血压、降血脂的功效，同时配以鱼蓉，是无胆固醇的食物，适合老年人和儿童食用。

烹调方法

烩法

风味特色

鲜嫩香滑

知识拓展

鱼蓉可以改为鸡蓉，制成鸡蓉西芹羹。

原材料

主副料 鱼肉150克，西芹500克，鸡蛋2个

调味料 精盐10克，味精5克，胡椒粉2克，淀粉20克，上汤300克，猪油20克

工艺流程

1. 将鱼肉刮下剁成鱼蓉，盛在盆内，放入鸡蛋、味精、精盐拌和成鱼浆待用。

2. 将西芹剁碎，飞水，过冷水，沥干，用搅拌机搅成蓉待用。

3. 起锅下猪油，下西芹蓉炒匀，加入上汤，烧开，淀粉勾芡，端离火位，将鱼浆推入。再上炉加入精盐、味精、胡椒粉便成。

技术关键

推入鱼蓉时，要端离火位，以免结粒。

三、潮式地方风味菜

金杏雪蛤

名菜故事

胡萝卜也称金笋，加上杏仁，两者取头一个字，故称为"金杏"。金杏雪蛤是高庭源师傅在2003年"广东汕头创新菜演示会"上所创，并获得创新菜奖。

烹调方法

烩法

风味特色

汤羹稠浓，香醇软滑

知识拓展

雪蛤可改为燕窝制作成金杏燕窝。

原材料

- **主副料** 发好雪蛤600克，胡萝卜400克，杏仁50克
- **调味料** 上汤500克，精盐5克，味精3克，淀粉15克，猪油75克，鸡油10克

工艺流程

1. 将胡萝卜去皮洗净、切碎、飞水。杏仁用水浸软后，同胡萝卜一起用搅拌机搅成蓉待用。
2. 烧鼎后加入少许上汤、精盐烧开，加入发好雪蛤烩一下，沥干。
3. 在鼎中加入猪油、胡萝卜、杏仁蓉略炒，加入上汤、精盐、味精，用淀粉勾芡后，再加入烩好的雪蛤和鸡油推匀即可。

技术关键

1. 胡萝卜一定要经过煮熟，杏仁应浸透才能搅拌。
2. 烩时要掌握火候，不能太稀。

（四）甜菜类

满地黄金

名菜故事

1999年汕头市人民政府到新加坡文雅酒店举办潮汕美食节，队伍抵达新加坡时发现当地酒店摆满金元宝。原本随队从汕头带去的红心番薯是要雕刻成花形的，随队的厨师发现这一情况后，便将番薯改为雕刻成金元宝形状。在美食节的开幕式一亮相便引起轰动，各媒体争相宣传报道。

烹调方法

蜜浸法

原 材 料

- **主副料** 红心番薯1000克，鲜橙4片
- **调味料** 白砂糖500克，麦芽糖30克，白矾30克，清水250克

工艺流程

1. 将番薯洗净，刨皮，刨至见红的薯心为止。用清水加入白矾15克，搅匀，把刨好的番薯放入白矾水浸洗。再用刀将番薯切取出20块（直径6厘米、高4厘米的块状），然后用小刀雕成元宝形状。

2. 清水加入白矾15克，把已雕好的元宝番薯放入白矾水内浸洗泡片刻，捞起晾干水分待用。

3. 不锈钢锅放进清水、白砂糖、麦芽糖，放在炉上，用慢火煮滚。滚至糖全部溶化后，继续熬，使水分不断蒸发，当熬到糖浆不断升高，浓度更大时，用筷子挑起，可以看出有坠丝。糖浆大滚，起大泡，这时糖浆已达到饱和度，成为有一定黏稠度的糖胶，便可把已雕切成型的番薯和鲜橙片放进糖胶内。

风味特色

造型美观,甘甜粉香

知识拓展

此菜也可用芋头制作。

4. 当糖胶内的温度下降,水分增多,重新回原糖浆时,就必须用猛火再熬3分钟,使糖浆升温,保持饱和度。这时番薯受糖浆内的热度所迫,本身的水分泌出,形成水蒸气,使每块番薯的表面逐步形成带有胶黏度的硬糖表皮。这时便转为慢火熬7分钟,经过慢火,使番薯逐步受热,完全熟透,便可逐件捞起,摆在餐盘上即成。

技术关键

1. 番薯雕定型后一定要浸入白矾水中,否则影响色泽。
2. 糖浆一定要熬至起大泡后才能放入番薯块,否则会影响形状及质地。

金瓜银杏

名菜故事

金瓜银杏是一道甜品菜肴。金瓜不仅味美可口，而且营养丰富，除了有人体所需要的多种维生素外，还含有易被人体吸收的磷、铁、钙等多种微量元素，有补中益气、消炎止痛、解毒杀虫的功效，对老年人高血压、冠心病、肥胖症等亦有疗效。银杏具有疏通血管等保健作用，金瓜配银杏正是当今成年人和老年人食用佳品。

烹调方法

糕烧法

风味特色

造型美观，果肉润香

技术关键

1. 糕烧时要掌握好火候，否则烧焦会影响质量。
2. 成菜汤汁不能太多，只能少汤汁才叫糕烧。

知识拓展

银杏俗称白果。

原材料

主副料 金瓜（南瓜）1个约500克，银杏500克，橘饼50克，肥猪肉50克，柿饼75克

调味料 白砂糖1000克

工艺流程

1. 将金瓜刨皮，在瓜顶部的1/3处切开盖留用，用刀修整成原来开头（即保持整个瓜的造型），同时去掉籽，洗净，放入开水煮10分钟，取出放凉后盛在碗里。金瓜中间加入200克白砂糖，放进蒸笼炊20分钟至熟，把瓜里的糖水沥干待用。

2. 将银杏用清水煮熟，打破去壳，用刀切对半成两边，再放进锅里用开水泡过捞起，浸过清水，撕去外膜，再用清水反复漂洗，漂至外膜去干净为止，同时使银杏的苦味去掉。盛在锅里，撒上白砂糖600克腌20分钟后，用慢火煲约30分钟。

3. 将肥猪肉切粒用开水泡过，用白砂糖100克腌制成冰肉丁。把橘饼切成细粒同腌制好的冰肉丁加入银杏内拌匀再煲至收汤，盛入金瓜内，用瓜盖盖上。

4. 把柿饼切条做成瓜蒂放在瓜盖上，制成整个瓜的形状，再用100克糖煮成糖浆淋在瓜的外面即成。

金银双辉

名菜故事

此菜是将红心番薯和芋头分别切成条状后，用糖进行蜜制。由于红心番薯经过蜜浸后呈金黄色，像金条；芋头经过蜜浸后呈银色，像银条，故称地瓜和芋头为金银，寓意生活富足，财源广进。

烹调方法

熬煮法

风味特色

清甘甜，粉香润

原材料

主副料 红心番薯1000克（大个），姜薯800克，枸杞子30克

调味料 白砂糖750克，麦芽糖40克，白矾30克

工艺流程

1. 将番薯刨去皮，要刨至内层肉。用清水加入白矾15克，再把已刨皮的番薯放入浸泡。然后用清水洗去姜薯的沙泥，并刨去皮，再用清水漂洗。

2. 将已浸洗干净的番薯和姜薯用刀切成直径2.2厘米、长6.8厘米的圆柱形状各12条。用2个汤盆分别盛着清水，一个汤盆放进白矾15克，把已切好的番薯放入浸泡片刻捞起待用；另一个汤盆把已切好的姜薯放入浸泡片刻捞起待用。

3. 不锈钢锅放清水、白砂糖、麦芽糖，放在炉上，用慢火煮滚。滚至糖全部溶化后，继续熬，使水分不断蒸发。当熬到糖浆不断升高，浓度更大时，用筷子挑起，可以看出有坠丝。糖浆大滚，起大泡，这时糖浆已达到饱和度，成为有一定黏稠度的糖胶，便可把已雕切成型的番薯和和姜薯、鲜橙片放进糖胶内。

> **知识拓展**

此制作方法也可以来制作姜薯等。

4. 当糖胶内的温度下降，水分增多，重新回原糖浆时，就必须用猛火熬3分钟，使糖浆升温，保持饱和度。这时番薯和姜薯受糖浆内的热度所迫，本身的水分泌出，形成水蒸气，使每件番薯和姜薯的表面逐步形成带有胶黏度的硬糖表皮。这时便转为慢火熬7分钟，经过慢火，使番薯和姜薯逐步受热，完全熟透，便可逐件捞起。

5. 盛入餐盘时番薯、姜薯分别摆成两边，再把枸杞子用铜笊篱盛着，放进糖浆内稍滚过，夹摆放在番薯和姜薯条的中间即成。

> **技术关键**

1. 番薯和姜薯切好后一定要浸入白矾水中，否则会影响色泽。
2. 糖浆一定要熬至起大泡后才能放入番薯和姜薯块，否则会影响形状及质地。

玻璃芋泥

名菜故事

芋泥是潮汕地区特有的粉芋头去皮，炊熟后压成泥，配以白砂糖和猪油铲制而成的。

烹调方法

炊法、铲法

风味特色

香甜柔滑，肥而不腻

技术关键

1. 在腌制肥猪肉时一定要腌够时间，否则会影响其透明度。
2. 在铲芋泥时要掌握好火候，否则会铲焦煳，影响质量。

知识拓展

白肉可改为金瓜制作成金瓜芋泥

原 材 料

主副料 净芋头600克，肥猪肉200克

调味料 白砂糖500克，猪油200克，甜橙膏30克

工艺流程

1. 将肥猪肉用刀切成长6厘米、宽2.5厘米薄片。白砂糖先放少量在碗底，作垫底，再把肥猪肉片逐片盖在白砂糖面上，在肥猪肉片上面再铺白砂糖，反复间隔地盖上肥猪肉和白砂糖，盖至肥猪肉片用完为止，再将白砂糖盖上。待腌制24小时，将已腌好的糖肥猪肉片（即冰肉片），逐片拿起，去掉黏附的白砂糖，用餐盘摆着待用。

2. 将净芋头用刀切成片状，放进蒸笼炊24分钟至熟透取出。把砧板洗干净，将熟芋头片放上用刀平揉压，碾成芋蓉（以没有生粒为合格）。然后将炒鼎洗净烧热，放入少量猪油、芋蓉、白砂糖400克，用慢火铲。铲至白砂糖溶解时，加入猪油、甜橙膏再铲至细滑，便成芋泥待用。

3. 芋泥装在大碗里，再将冰肉逐片摆砌在芋泥面上，放入蒸笼炊15分钟，取出。将余下的白砂糖放进鼎内，加100克清水煮滚，滚至糖溶化时，用薄淀粉水勾芡淋上即成。

香脆金瓜烙

名菜故事

一般菜品的烙都是比软润，但潮州菜厨师把烙方法进行变革改良，将原料用干粉拌匀后先烙再过热油炸，炸至酥脆，质感特别，另有一番风味。

烹调方法

煎法、炸法

风味特色

色泽金黄，香醇甜滋

知识拓展

此制作方法也可制作苹果烙、马蹄烙等。

原材料

主副料 金色南瓜700克，淀粉100克，糖冬瓜片100克，白芝麻20克

调味料 精盐适量，花生油1000克（耗油125克）

工艺流程

1. 将金色黄瓜洗净，切粗丝，盛在盆内，加入精盐搅拌均匀，再加淀粉、面粉拌匀。糖冬瓜片切成粗丝，待用。

2. 炒鼎放入花生油烧至160℃，关火，待用。另起鼎烧热，放入少许花生油，投入南瓜丝、糖冬瓜丝、白芝麻，用慢火煎至底层稍变硬，再用铁勺将另一个鼎的热油逐勺倒入煎南瓜丝的周围，炸至酥硬，捞起。

3. 将已炸好的金瓜烙切成10件，摆在盘内即成。

技术关键

1. 在煎烙时要用慢火，否则会烧焦。
2. 在冲入油时一定要用热油，否则会影响金瓜烙酥脆程度。

糕烧姜薯

名菜故事
糕烧是潮州菜烹调方法之一，其特点是糖浆浓度比较高，汤汁相对比较干稠。糕烧这一烹调法，潮州菜师傅比较熟练，因为潮州菜中的糕烧菜品特别多。

烹调方法
糕烧法

风味特色
色白透明，香甜可口

知识拓展
姜薯可换成番薯、芋头等。

原 材 料

主副料 刨白姜薯750克，葱珠15克

调味料 花生油500克（耗油100克），白砂糖500克，猪油少许

工艺流程

1. 将刨白姜薯切成角状或切成条状。把炒鼎洗净烧热，倒入花生油，待油温约150℃时，将刨白姜薯块放进油炸，用慢火炸至熟透，捞起。用大碗盛着，加入白砂糖，搅拌均匀待用。

2. 把葱珠放进鼎里用猪油炒至金黄色，再将腌了白砂糖的刨白姜薯倒进鼎里，加入少许清水，用慢火把刨白姜薯煮成透明色，盛入餐盘里即成。

技术关键

1. 刨白姜薯要用白矾水浸过，才能保持白色。
2. 在刨白姜薯块拌糖糕烧时要掌握好火候，否则会烧焦，影响质量。

返沙白果

名菜故事
食用白果可以抑菌杀菌，祛疾止咳，抗涝抑虫，止带浊和降低血清胆固醇。另外，白果可以降低脂质过氧化水平，减少雀斑，润泽肌肤，美丽容颜。此菜用潮汕特有的返沙方法烹制，更具有潮汕特色。

烹调方法
返沙法

风味特色
外松甜，内甘润

技术关键
白果粘着糕粉要均匀。

知识拓展
白果学名叫银杏

原 材 料
主副料 白果600克，糕粉（即潮州粉）150克，花生仁50克，清水200克
料　头 青葱50克
调味料 白砂糖500克

工艺流程
1. 将白果用开水煮熟，打破去壳，再用开水滚过，整粒浸过冷水，撕去外膜后漂洗至不存留外膜为止。将白果捞入汤盆，要保持一定水分，再将糕粉放进筛斗，逐步筛入白果间，边筛边翻动白果，使每粒白果都粘满糕粉为止。然后用餐盘盛着，摊开待用。

2. 把青葱洗净，用刀切成细粒候用。花生仁炒熟，脱膜，用搅拌机搅碎，搅成花生末待用。

3. 将炒鼎洗净，放进清水、白砂糖，用慢火煮，煮至白砂糖全部溶化成糖浆，并且糖浆煮至起甘（糖浆滚至出现大白气泡时），即端离炉位，用鼎铲搅几下，然后倒入白果、葱珠、花生末，再用鼎铲翻转，边用扇扇冷，翻转至糖变成干白即成。

炖鱼翅骨

名菜故事

鱼翅骨是取鱼翅中间软骨。富含钙质,而且含有胶质。一般废弃不用,但聪明的潮汕厨师将废料充分利用,通过加工处理,制作成一道道甜品供顾客品尝。

烹调方法

炖法

风味特色

甜醇黏滑,补气上品

知识拓展

甜菜是潮州菜一大特色。

原 材 料

主副料 干鱼翅骨150克,红枣150克

料　头 生姜75克

调味料 冰糖250克

工艺流程

1. 将干鱼翅骨用锅盛着,放进清水浸泡8小时后,把水换掉(在这期间连续换2次清水)。然后把生姜用刀拍烂,放入锅内,用中火煲滚后,端离火位,待浸焗5小时,再把鱼翅骨捞起,沥干水分待用。

2. 红枣洗净待用。将已发好的鱼翅骨放入不锈钢锅,放进清水,先用中火煮滚,后转慢火炖,约炖1小时30分钟。然后把红枣放进,炖20分钟,将冰糖放入,再炖10分钟,使冰糖全部溶化后,分盛入10个小碗即成。

技术关键

1. 鱼翅骨一定要充分浸透。
2. 炖的火候要足,才不会硬。

姜薯鲤鱼

名菜故事

姜薯是潮汕地区的一种薯类，也有其他地区俗称小淮山。煮出来的汤黏稠，入口滑，味甘香，因而受到消费者喜爱。其主要盛产于潮阳和惠来，其中，最出名的是潮阳区西胪镇内八乡岩前村的姜薯。岩前村含沙土较多，姜薯皮薄光滑，薯大肉白，粉泥粘连，品上质优。此菜肴是将姜薯制作成鲤鱼形状，寓意"连年有余""吉庆有余""富贵有余"等均表达了人们对美好生活的向往。

烹调方法

炊法

风味特色

造型美观，粉滑香甜

技术关键

刨好的姜薯要用白矾水浸洗过，才能保持白色。

知识拓展

也可变换造型，制作姜薯寿桃等。

原材料

主副料 姜薯500克，澄面粉50克，鸡蛋1个，绿豆沙馅300克，绿色樱桃2个，琼脂3克，叶绿素少许

调味料 白砂糖200克，花生油少许

工艺流程

1. 姜薯去皮，切成片，放进蒸笼炊熟，趁热倒在砧板上，用刀碾压成姜薯蓉待用。

2. 澄面粉用碗盛着，用70克开水，趁热冲入，用筷子搅拌均匀，倒在案板上，加入白砂糖50克，搓揉均匀，再和入已压烂的姜薯蓉和鸡蛋清。然后分成2块，每块姜薯蓉皮包上绿豆沙馅150克，搓成桃形状，稍压扁，制成鲤鱼形状，放进已抹上花生油的盘中，放进蒸笼炊8分钟后取出待用。

3. 将琼脂用50℃温水浸2小时后捞起待用。再用不锈钢锅1个，放进清水300克，同时放进已浸发好的琼脂，用慢火煮至全部溶化，然后放进白砂糖50克，再煮。煮至白砂糖溶化时，投入少许叶绿素，倒入餐盘，等凝固后，把已炊好的姜薯鲤鱼放在琼脂上面，再将绿樱桃每粒切成两半，分别放在鱼的眼睛上，再把余下的100克白砂糖加30克清水煮成糖浆，淋上即成。

三、潮式地方风味菜

玻璃肉饭

名菜故事
玻璃肉是将肥猪肉用糖腌制，然后炊熟时呈透明状，形似玻璃。玻璃肉饭是玻璃肉和糯米甜饭（把橘饼、糖冬瓜、芝麻、白砂糖和葱珠油、糯米饭拌匀）合在一起，造型美观，别有一番风味。

烹调方法
炊法

风味特色
香甜滋润，清爽可口

主副料 糯米500克，冰肉片250克，橘饼10克，葱珠油15克，芝麻25克，糖冬瓜片15克，红、绿樱桃各6个

调味料 白砂糖600克

工艺流程

1. 糯米洗净盛在碗里，加入清水少许，放进蒸笼炊熟。橘饼、糖冬瓜片切成粒，加入芝麻、白砂糖450克和葱珠油、糯米饭一起拌匀。

2. 冰肉片先摆在碗底，再将红、绿樱桃切半摆入，然后把拌好的糯米饭放在上面，放进蒸笼炊热倒翻过碗。将白砂糖150克加入清水、淀粉水少许，勾成薄芡淋上即成。

技术关键
腌制肥猪肉时要腌够时间，否则会影响爽脆。

知识拓展
冰肉也称玻璃肉。

炊姜薯酵

名菜故事

姜薯是汕头潮阳区土特产品，潮汕姜薯一个个长得跟生姜似的，质感又如番薯，故名为姜薯。不管外形如何变换，都有山药的基本特征。其中炊姜薯酵是由姜薯为主要食材做成的一道菜肴，属于潮汕地区的家常小吃。

烹调方法

炊法

风味特色

松软清香，甜淡适口

技术关键

1. 白砂糖加入姜薯泥内要全部溶化，不能有糖粒状。
2. 盛姜薯泥的碗要先抹上花生油。

知识拓展

潮汕人把姜薯做成很多品种，利用它的特有色泽、质地、香甘气味，可制成皮也可制成馅料，也可直接制成各种新产品，如煮姜薯汤、姜烧姜薯、返沙姜薯等。

原材料

主副料 姜薯400克，鸡蛋1个，吉士粉10克，葱白10克，白芝麻10克，锡箔碗1个

调味料 白砂糖100克，白糖粉100克，花生油10克

工艺流程

1. 姜薯洗净，晾干水分，用刀切成小片。放入搅拌机内，搅碎，加入白砂糖，再搅拌至姜薯成泥。白砂糖全部溶化时，再加入鸡蛋清，继续搅拌至姜薯泥成发酵状。

2. 在锡箔碗内抹上花生油，将已搅拌好的姜薯泥倒入，剩1/10留用。再将剩下的1/10姜薯泥用小碗盛着，加入吉士粉，用筷子搅拌均匀。然后用一张三角牛皮纸折成漏斗状，并把吉士姜薯泥倒入，用手挤入锡箔碗内的姜薯泥上面（可挤成各种花纹，花纹随意），用牙签划几划做成花纹。放入蒸笼炊15分钟即熟。

3. 把葱白洗净，用刀切成细葱珠。炒鼎洗净，放入花生油，再放入细葱珠，煎至金黄色有香味，盛起待用。把白芝麻炒香，同细葱珠、白糖粉搅拌均匀，用小碟盛着待用。把已蒸熟的姜薯酵用刀切成每片长约6厘米、宽约4厘米、厚约1.2厘米，摆砌在餐盘间，盘边彩花拼盘，上席时跟上白糖粉，便于喜好甜味的客人蘸配，别具风味。

甜绉纱肉

名菜故事

绉纱肉是一种象形性的名称,即是把猪肚经煮熟后,在肉皮上面扎孔,使肉皮与肥肉相通,经油炸过,使皮部出现泡状。再经过糖浆用慢火熬至肉皮出现绉纹状,便称为绉纱肉。

烹调方法

炸法、炊法

风味特色

皮起皱纹,肉软烂甘香,甜味极浓

○ ○ 原 材 料 ○ ○

主副料 五花肉500克,槟榔芋头400克

调味料 白砂糖800克,深色酱油5克,淀粉10克,花生油1000克(耗油100克),猪油100克

工艺流程

1. 将五花肉刮洗干净。槟榔芋头刨皮洗净,入蒸笼用中火炊熟取出,碾压成泥。

2. 五花肉放入开水锅里,用中火煮约40分钟至软烂,取出,用铁针在猪皮上戳几个小孔,用布抹干,涂匀酱油着色。用中火烧热炒鼎,倒下花生油,烧至油温约150℃,放入五花肉,加盖后端离火位,浸炸至皮呈金黄色,倒入笊篱沥去油。将五花肉切成长8厘米、宽5厘米、厚1.2厘米的长方块。炒鼎放回炉上,下开水1000克,放入五花肉煮约5分钟,捞出用清水漂浸。如此反复煮漂4次,直至去掉油腻为止。

技术关键

1. 炸五花肉时一定要在肉皮上戳小孔，否则会影响绉纱皮。
2. 在焖肉块时要掌握好火候，如果过烂或烧焦都会影响质感。

知识拓展

可制作绉纱莲蓉、绉纱豆沙等。

3 把竹箅片放入砂锅垫底，下开水400克、白砂糖400克，放进五花肉块、深色酱油，加盖用小火炊约30分钟取起，摆放在碗内（皮向下）。

4 用中火烧热炒鼎，下猪油100克，放入槟榔芋头泥，转用小火慢慢炒，边炒边加入白砂糖300克，至糖溶化后取出铺放在五花肉上。将五花肉连同槟榔芋头泥放入蒸笼用中火炊约20分钟，取出覆扣在汤碗里。

5 炒鼎洗净，下开水150克，白砂糖100克，烧沸后用淀粉调稀勾芡，淋在肉上即成。

太极马蹄泥

名菜故事

太极图因为造型美观和谐，寄寓着道教深刻的思想内含，所以在很早的时候，就被智慧的老一辈潮州菜厨师接受，作为菜肴的一种造型手法。而且潮州菜厨师在制作太极图案时，便以一次性把不同色调食用原料淋成太极图案。太极图象征着和谐对称，团结一致，表达了吉祥如意、健康幸福的愿望，因此在很多喜庆筵席中都喜欢用这一图案。

烹调方法

煮法

风味特色

色调美观，味道清甜

知识拓展

太极的造型在潮州菜应用中非常广泛，如"太极护国菜""太极芋泥"等。

原 材 料

主副料 马蹄750克，杨梅（如果无杨梅，使用草莓酱代替都可以）200克，清水400克

调味料 淀粉水50克，白砂糖400克

工艺流程

1. 将马蹄用搅拌器搅成泥待用。
2. 清水加入白砂糖放进鼎里煮开使其溶化成糖水后，再把马蹄泥放入鼎里煮，和入少许淀粉水，并用手勺推匀，盛进碗里。把杨梅制成汁，淋入马蹄泥上面的一边，成太极图形即可。

技术关键

淋太极图一定要多练习，才能一气呵成。

冬瓜菠萝络

名菜故事

冬瓜菠萝络就是把冬瓜和菠萝切成微细粒状,再加入白砂糖一起煮。是夏季气温炎热时适合清凉解暑的食品。这道甜品可热食也可凉食。为什么叫络,按老一辈厨师的说法就是把这些食物像网络一样编织在一起的意思。

烹调方法

煮法

风味特色

酸甜爽口,清香软滑

知识拓展

菠萝又名凤梨,潮汕人叫"番梨"。

○○ 原 材 料 ○○

主副料 冬瓜1500克,菠萝肉300克

调味料 玉米粉10克,白砂糖400克

工艺流程

1. 将冬瓜去掉皮和籽,然后用刀切成小片,用搅拌器搅烂成冬瓜泥,用汤锅盛着,放进蒸笼炊20分钟至熟取出。

2. 将菠萝肉用刀切成小块,用搅拌器搅成碎粒状。把已炊熟的冬瓜泥,倒入鼎内加入白砂糖400克煮滚,调入薄玉米粉水勾芡,盛在汤盆内。

3. 将炒鼎洗净,倒入菠萝碎粒,加入白砂糖100克煮滚,用玉米粉水调和勾芡,然后倒在冬瓜泥的旁边即成彩盘。

技术关键

勾芡时不能太糊。

清汤芋泥

名菜故事
清汤芋泥是将铲好的芋泥，加入有桂花粉味的糖水和马蹄花及红、绿樱桃，不仅有桂花香味，而且造型赏心悦目，是一道特别的甜品。

烹调方法
煮法

风味特色
清甜香郁，润滑带汤

知识拓展
芋泥改成莲子泥，可制作成清汤莲蓉。

原材料

主副料 芋头600克，马蹄6个，红、绿樱桃各3个

调味料 白砂糖600克，猪油150克，桂花粉25克

工艺流程

1. 将芋头刨去皮，蒸熟研成芋泥，将马蹄刨去皮制成马蹄花12件，红、绿樱桃用刀切对半，桂花粉浸发后待用。

2. 烧热炒鼎下猪油，放入芋泥加白砂糖400克，用手勺不断搅拌，使至不粘鼎为止。盛入汤碗，加入马蹄花，桂花粉，红、绿樱桃。鼎里放入清水加白砂糖200克，待煮开后溶为糖水，淋入汤碗芋泥上再加入马蹄花，桂花粉，红、绿樱桃即成。

技术关键
在铲芋泥时要掌握好火候，否则会铲焦煳，影响质量。

炒甜面条
（惠来）

名菜故事

炒甜面条是惠来人喜爱的食品。惠来是历史种植甘蔗最多的地区，也是潮汕地区最大的产糖区，因而当地人都喜欢食甜品。当地人每逢办喜庆活动时，就必须有炒甜面条，作为甜蜜的幸福生活的象征。

烹调方法

炒法

风味特色

味道香甜，面条润滑

技术关键

1. 面粉一定要用筛斗筛过，避免结粒。
2. 煮面条要控制好火候，以免夹生或太烂。

知识拓展

炒甜面条是惠来特色风味食品。

原材料

主副料 面粉400克，薯粉约100克，花生仁75克，橘饼50克，清水160克

料　头 葱白40克，芫荽叶30克

调味料 白砂糖350克，花生油100克

工艺流程

1. 面粉、薯粉用筛斗筛过，放在砧板上，开成窝形，将清水倒入面窝内，用手慢慢把近水旁的面粉逐渐拌入，使清水全部被面粉吸收。然后放进压面机，先压几次，再压成薄片，就可以用铰面机铰成薄面条（在压面过程中每次都要拍上薯粉）。

2. 花生仁炒熟，脱膜，用机或刀碾压或剁成花生仁碎待用。橘饼用刀切成细粒状，葱白切成细碎状。将炒鼎洗净，烧热，放入花生油50克，把已切好的葱白放入鼎内，煎至金黄色，成为葱珠油，倒起待用。芫荽叶用清水漂洗后待用。

3. 将炒鼎放入清水，待水沸腾时，把面条放进开水内煮熟，捞起，过一下清水，然后把面条抹上少量花生油，待用。把炒鼎洗净，烧热，放进花生油，随之把面条放入，同时加入白砂糖100克，用火慢炒，边炒边把白砂糖加入，使糖受热溶化，被面条吸收，至白砂糖放完为止。再炒，炒至白砂糖完全被面条吸收，再加入葱珠油，搅拌均匀，用餐盘盛着，把花生仁碎、橘饼撒在面上，再把芫荽叶撒在上面和周围即成。

三、潮式地方风味菜

芙蓉木瓜泥

名菜故事

木瓜所含的蛋白分解酶，有助于分解蛋白质和淀粉。木瓜含有胡萝卜素和丰富的维生素C，它们有很强的抗氧化能力，帮助机体修复组织，消除有毒物质，增强人体免疫力。芙蓉是用蛋清搅打成白色泡沫而成，此菜肴两者结合造型美观。

烹调方法

煮法

风味特色

色调美观，味道清甜

知识拓展

木瓜泥换成马蹄泥，可制成芙蓉马蹄泥。

原 材 料

主副料 木瓜肉1000克，鸡蛋3个，清水400克
调味料 淀粉水50克，白砂糖400克

工艺流程

1. 将木瓜肉用搅拌机搅成泥，鸡蛋取鸡蛋清待用。
2. 清水加入白砂糖放进鼎里煮开使溶化成糖水后，再把木瓜泥放入鼎里煮，和入少许淀粉水，并用手勺推匀，盛进碗里。
3. 鸡蛋清用蛋糕搅拌成芙蓉（泡沫状），放在涂抹上花生油的盘里，入蒸笼炊10秒后取出，将炊好的芙蓉放在木瓜泥上面即成。

技术关键

1. 要控制好炊芙蓉的时间和火候。
2. 在煮木瓜泥时要注意稀稠适度。

双杏蛤油

名菜故事

蛤油泛指各种蛙油，药名称为蛤蟆油。蛤蟆油是雌蛤蟆输卵管的干制品，并非脂肪。由于历史因素延续，目前中国南方、港澳台地区，以及东南亚一些国家的华人，亦习惯上将蛤蟆油俗称为雪蛤。此菜肴是杏仁跟蛤油搭配，具有补肾益精、养阴润肺祛痰、止咳平喘、润肠通便等功能。

烹调方法

炊法、煮法

风味特色

苦甘甜滑，杏味香醇

技术关键

北杏一定要去掉杏仁膜，否则影响菜肴的质量。

知识拓展

肺胃虚寒、腹泻的人群不适宜食用。

原材料

主副料 蛤油20克，北杏仁40克，南杏仁40克，清水1000克

调味料 冰糖250克，白砂糖50克

工艺流程

1. 将蛤油盛在大碗里，先用70℃温水浸泡，浸约2小时后，换掉水（要连续2次浸泡和换水）。然后，再用清水漂洗，拣去黑点和杂质，洗净捞干，放进碗中，加入白砂糖50克、清水20克，放进蒸笼，约炊1小时30分钟，取出沥干水分，待用。

2. 将北杏仁用开水浸泡10分钟后，用手脱掉杏仁膜，洗净，同南杏仁一起用70℃温水浸泡至杏仁身软，放进搅拌机加入200克清水，进行搅拌，搅至全部成浆状时，倒出，用白纱布过滤，压干，杏仁汁和杏仁渣分别放好待用。

3. 将炒鼎洗净，放进清水800克、杏仁渣，煮滚。再放进冰糖煮，煮至冰糖全部溶化时，去掉泡沫，放入已炊好的蛤油和杏仁汁，用慢火煮滚后，分成10小碗即成。

木瓜翅骨

名菜故事
鱼翅骨富含钙质，而且含有胶质。木瓜含有胡萝卜素和维生素，二者结合可制作成一道甜品。

烹调方法
炖法

风味特色
甜醇黏滑，瓜味郁香

知识拓展
也可制作成椰汁翅骨

原 材 料

主副料	干鱼翅骨150克，木瓜400克，清水约1000克
料　头	生姜75克
调味料	冰糖250克

工艺流程

1. 将干鱼翅骨用清水泡浸8小时，把水换掉（在这期间应换2次水）。然后把生姜用刀拍破，放入锅内，用中火煲滚后，端离火位，待浸5小时，把生姜捞起去掉不要，再把水沥干，待用。

2. 木瓜刨去瓜皮，再用刀开成棱角形状待用。

3. 用不锈钢锅装着已发好的鱼翅骨，放入清水，先用中火煲滚，后转慢火炖，炖约1小时40分钟，加入冰糖和木瓜，再用慢火炖20分钟，使冰糖全部溶化后，盛入10个小碗内即成。

技术关键
1. 鱼翅骨一定要充分浸透。
2. 炖的火候要足，才不会硬。

炸玻璃酥肉

名菜故事

玻璃肉是用肥猪肉通过用糖腌制，然后炊熟时呈透明状，形似玻璃。此菜是用玻璃肉包上馅料，蘸上脆皮浆，然后油炸而成。

烹调方法

炸法

风味特色

香甜酥脆，肥而不腻

技术关键

1. 腌制肥猪肉时要腌够时间，否则会影响爽脆。
2. 在做脆皮浆时要浓稠适度，太稀或太糊都会影响质感。

知识拓展

乌豆沙也可换成绿豆沙或芋泥。

原材料

- **主副料** 肥猪肉250克，乌豆沙200克
- **调味料** 自发粉120克，淀粉10克，白砂糖200克，花生油1000克（耗油125克）

工艺流程

1. 将肥猪肉用刀切成每片约长5厘米、宽2厘米、厚2毫米的两片相连的薄片（即用飞刀的刀法处理），共切成12件。

2. 用大碗盛着白砂糖，把每件肥猪肉片内外粘上白砂糖。然后逐件摆砌进另一餐盘，摆砌整齐并压实。肥猪肉腌糖要24小时才可使用。

3. 把已腌过糖的肥猪肉用开水冲掉白砂糖（糖溶化，使肥猪肉见透明度为止，这时已制成冰肉），用笊篱捞着，沥干水分。再用刀把冰肉的周围修整齐，同时将乌豆沙分成12份，夹在每件冰肉的中间，用手稍压实待用。

4. 将自发粉盛碗内，加入清水200克、花生油5克，搅拌均匀成为脆皮浆待用。再将炒鼎洗净烧热，倒入花生油，候油热至约180℃时，将每件冰肉分别蘸上脆皮浆，放进油内炸，炸至呈金黄色捞起，用餐盘盛着，便成玻璃酥肉。淀粉打芡，淋在玻璃酥肉上，即成。

（五）其他类

莆田笋丝炒粿条

名菜故事

揭阳埔田竹笋远近驰名，是"中国竹笋之乡"，产品不论新鲜笋还是加工而成的清水罐头笋、酸笋、笋干都具有肉质细嫩，清脆爽口，味道鲜甜等特点，且富含食用粗纤维。

烹调方法

炒法

风味特色

色泽白里带赤，柔软醇香

原材料

主副料：揭阳粿条400克，鲜竹笋150克，姜丝10克

调味料：生抽、芝麻油、胡椒粉、食用油适量，味精3克

工艺流程

1. 粿条切细丝，油鼎放入食用油烧热，将粿条下油鼎中慢火煎炒，调入少量生抽，翻炒均匀后先装盘备用。

2. 鲜竹笋去皮、切细丝，和姜丝一起下沙鼎中翻炒，至笋丝熟透后调入味精、胡椒粉，然后将粿条下入鼎中和笋丝混合均匀，慢火煎炒，至两面金黄色即可装盘，淋上芝麻油即成。

技术关键

在炒粿条时要注意慢火煎炒，不能求快，必须炒至粿条两面微金黄色。

知识拓展

潮汕粿条亦可用干捞的食法，因"捞"后没有汤，需加入芝麻油、酱料等，故潮汕方言称为"干粿"。也可只用蔬菜类或菜脯粒炒制，则称为素粿。

炒凤凰畲鹅粉

名菜故事
凤凰畲鹅粉条俗称鸡肠粉，是潮州凤凰镇的特产之一，以其鲜白透亮，可炒可汤，鲜美可口，百食不厌而闻名。

烹调方法
炒法

风味特色
柔滑爽脆

知识拓展
畲鹅粉的生产原料是用凤凰当地土生土长的一种姜科植物。每年冬至前后，就会把这种植物的块茎挖起来，用机器研磨成粉末，再通过反复水洗、沉淀、过滤，制成淀粉，以备日后生产之用。

原材料

- **主副料** 畲鹅粉条300克，虾米50克，干鱿鱼50克
- **料　头** 葱度20克，芹菜段20克，香菇丝30克，蒜蓉、花生油适量
- **调味料** 精盐、酱油各适量

工艺流程

1. 畲鹅粉条先用热水浸至手感偏柔而不硬，再用凉水浸凉，捞起来沥干水分备用。
2. 虾米浸泡完捞起备用，干鱿鱼浸泡后切丝备用。
3. 热鼎冷油，下葱度、芹菜段、香菇丝爆香，再下虾米、鱿鱼丝爆香，最后下畲鹅粉不断翻炒10分钟左右，下少许精盐、酱油调味后即可出鼎。

技术关键

1. 畲鹅粉条要买颜色偏赤黑。
2. 炒之前畲鹅粉条要先用沸水浸至手感偏柔而不硬，再用冷水浸凉，捞起来沥干水分即可下鼎。

高丽菜炒粉条

名菜故事

高丽菜也称包菜，潮汕称"哥历蕾"。薯粉条是潮汕地区各乡村在番薯盛产时，用番薯磨成薯粉，然后制成干粉条。用高丽菜炒薯粉条，再加上猪油渣（即朥粕）在一起炒，更具有潮汕风味特色。

烹调方法

炒法

风味特色

质感嫩滑，口味微辣

知识拓展

高丽菜也叫包菜。

原 材 料

主副料 薯粉条400克，高丽菜100克，瘦猪肉50克，鸡蛋1个

料 头 红辣椒丝2克

调味料 酱油10克，精盐5克，辣椒酱5克，食用油适量

工艺流程

1. 薯粉条用开水浸软，沥干。鸡蛋打散煎成薄片。

2. 将瘦猪肉、高丽菜、煎好鸡蛋片分别切成粗丝，瘦猪肉用少量精盐腌渍一会待用。

3. 起鼎下食用油放入薯粉条、酱油翻炒，用筷子挑送，使里面不打团。炒至透明状，约5分钟后，倒出。原鼎下食用油将肉丝放入其中，炒至肉变颜色再放入高丽菜、红辣椒丝、精盐炒，刚熟时放入薯粉条、辣椒酱翻炒均匀即可。

技术关键

薯粉条浸时，不能硬，也不能太软。

菜脯炒粿条

名菜故事

潮汕人都喜欢食菜脯，菜脯是整个潮汕地区的特色食品品。平常人们作为一种粥配和饭配，但后来逐步发展为以菜脯进行加工，拌上肉类或其他配料、调味品，制成各种粿类、饺类的馅料，也可用于炒饭、炒粿条等，这些都是潮汕地区的特色美食。粿条是潮汕地区特有的，是用米浆蒸熟切成丝晒干而成，质感香甜，软嫩，成为潮汕人喜欢的主食之一。两种食材进行搭配十分适合，很受消费者的欢迎。

烹调方法

炒法

风味特色

质感嫩滑

原 材 料

主副料　粿条750克，菜脯100克
调味料　酱油10克，食用油适量

工艺流程

1. 将菜脯切成碎末粒，放入锅中用食用油煸炒出香味出锅待用。
2. 锅洗净放入少许食用油烧热，放入粿条加入少许酱油，翻炒均匀，略炒一会加入准备好的菜脯碎粒，快火翻炒均匀出锅装入盘中即可。

技术关键

炒粿条要多翻动，以免炒焦。

知识拓展

菜脯也叫萝卜干，还可以制作成菜脯水粿、菜脯粉饺、老菜脯粥等。

炒家乡面

原材料

主副料 碱水面条500克，韭菜100克，豆芽100克

调味料 豆豉10克，精盐20克，白砂糖10克，猪油适量

名菜故事

在潮汕话里"面"的发音与"命"相似，因此长面有长命之意，故有长寿面、寿面之称。深受消费者的喜爱。此菜品是素炒，更适合现代人健康饮食的理念。

工艺流程

1. 将豆芽、韭菜也洗干净，并切成段。
2. 将豆豉压碎，加入精盐、白砂糖、清水搅匀成汤汁待用。
3. 烧鼎下猪油，把碱水面条撒入锅里，摊开，加水，盖上锅盖焖煮一下。起盖，用锅铲翻炒，同时用筷子挑送，让面不打团，至面熟透。再加点猪油，加入韭菜、豆芽和制好的汤汁翻炒至熟便成。

烹调方法

炒法

风味特色

香而嫩滑，风味独特

技术关键

1. 水的加入量以面条至熟为度。
2. 油要分多次加，控制火候，才不会粘锅底。

知识拓展

面也可先蒸熟，拌少量花生油候用。

潮汕砂锅粥

名菜故事

粥在潮州话中叫"糜",《尔雅·释言》便有这样的解释:"粥,糜也。"《说文解字》也提到:"黄帝初教作糜。"被潮汕人称为"糜"的粥,从古到今深受潮汕人喜爱。不论筵席还是夜间路边小炒,砂锅白粥是不可缺少的一道深具地方特色的别致尾声小点。现在在潮汕地区大街小巷随处可见到摆卖各式各样的砂锅粥小摊档,煮粥用的材料也十分丰富,潮汕砂锅粥已成为当地人们生活中的一种美食。

烹调方法

煮法

风味特色

米香四溢,香滑可口

○○ 原 材 料 ○○

主副料 大米250克,清水2500克,小米50克

工艺流程

1. 将大米用清水轻轻淘洗2次(切不可用力抓洗大米,以减少养分流失),沥干水分,待用。
2. 把清水放进砂锅内煮沸,再加入大米煮,先用旺火煮至熟透,即米心未完全开化时,端离火口,让其趁热浸约10分钟后,方可食用。

技术关键

1. 煮砂锅粥要用热水下锅煮,不要用冷水煮,以免大米粘锅底。
2. 在煮粥的过程中,不得往砂锅里再加清水。

知识拓展

潮汕砂锅粥的种类很多,用不同谷类可以做成不同的粥,如糯米粥、小米粥等。所加原料也十分丰富,可根据食客的要求喜好,选用不用的原料煮成各种各样的粥。

四、旅游风味套餐

（一）旅游风味套餐的概念

潮式风味旅游套餐是指菜点组成具有潮式风味，以统一标准、统一菜式、统一时间供游客进行集体就餐的一种餐饮形式。这类套餐属于旅游团体包餐的一种常见类型，其特点是：餐前事先预订，按时集体用餐；就餐人数较多，开餐时间固定；套餐规格较低，膳食标准统一；就餐程式简短，服务要求迅捷。

（二）旅游风味套餐设计目的

乡村旅游套餐的设计与制作，多由餐饮店结合本土特色设计而成。从表面上看，这项工作既简单又平凡，但要赢得游客的普遍认同，确有不少方面需要注意。因为，旅游套餐既不同于正规宴会，又有别于零餐点菜，它的接待规格不高，餐饮利润较少，难以引起足够的重视；旅游人员人多面广，就餐要求相对较多，难以逐一得到满足；特别是周期较长的游客，在同一餐厅多次就餐，易产生厌倦情绪，甚至发生矛盾。因此，设计与制作旅游套餐一定要持严谨的工作态度，只有遵循菜点的选配原则，采用合理的排调方法，认真对待每1种菜点，方可制出令人满意的旅游套餐。

（三）旅游风味套餐设计要求

旅游套餐设计确定的菜点，首先要明确游客的具体情况，尊重游客的合理需求。只有在明确了就餐人数、套餐规格、接待方式、用餐时间、游客构成、旅游周期及订餐人的具体要求后，才能据实选用相应的菜点。例如普通的旅游套餐则宜使用乡土菜点，简易就餐。再如，桌次较多的旅游套餐忌讳菜式的冗繁，不可多配工艺造型菜；周期较长的旅游套餐则应注意更新菜点花样，避免菜式单调、工艺雷同。对于游客的具体要求，特别是订餐人指定的菜点，只要在条件允许的范围内，都应尽量安排。只有投其所好，避其所忌，最大限度地满足主办方的合理要求，才能为菜单的设计和套餐的制作奠定良好的基础。

值得注意的是，大部分旅游套餐是既要考虑成本，又不想让套餐过于寒酸。因此，在套餐的安排上还需注意一定的方式方法，力求以最小的成本，取得最佳效果。第一，原料的品种要多样化，鱼类、畜禽类、蛋类、蔬果类、粮豆类兼顾使用，可丰富菜式品种；第二，风味特色菜点为主，地方乡土菜点为辅，可提升游客的满意度；第三，多用造价低廉又能烘托席面的"高利润"菜点，能给人丰盛之感；第四，适当安排主厨拿手的特色菜点，可提高套餐的级别。

为了做到万无一失，套餐的设计者除应遵循上述原则外，重视扬长避短的选菜要诀也很重要。每一餐厅都有自己的优势，当然也有各自的缺憾和不足，选菜时，要尽可能地发挥本店之专长，亮出本店之特色，以确保所选的菜点能有效供应。除此之外，应注意以下几点：（1）凡因供求关系、采购和运输条件等影响原料供应的菜点不宜选用。（2）凡原料受法律、法规限制，或者在加工、运输、贮藏等环节存有卫生问题的菜点更应坚决杜绝。（3）受炉灶设施或餐饮器具限制的菜点不能安排。（4）奇异而陌生的菜肴或工序复杂的工艺大菜切忌冒险承制。

旅游套餐的菜点选出之后，还须按照用餐标准合理组合、依次排列。由于主办方的订餐标准不同，会议餐的排菜格式存在着较大的差别：用作早餐的套餐，以当地特色面食、风味小菜、时令蔬菜为主，可适时加配水果和饮料。用作正餐的套餐规格不高，适应面广，其菜品通常是每桌（10人／桌）5~8菜1汤，上菜不讲究顺序，宴饮不注重节奏。从构成上看，冷菜有时安排1道，有时省去不用。热菜通常为5~7道，兼顾使用畜禽类、河鲜类、海鲜类、蛋奶类、蔬果和粮豆类，其中，汤菜只用1道，以咸汤为主。主食（或点心）不可忽略，一般安排1~2份。

菜单设计作为套餐接待的一项重要内容，必须引起餐厅管理层重视。设计会套餐菜单必须兼顾好菜点冷热、荤素、咸甜、浓淡、干稀的搭配关系，特别是原料的调配、色泽的变换、技法的区别、味型的层次和质感的差异，只有合理调排，灵活多变，才能显现出套餐的生机和活力，才能给游客愉快的用餐感受。如果菜式单调、技法雷同、味型重复，游客难免会产生厌烦情绪。

四、旅游风味套餐

（四）旅游风味套餐设计实例

表1至表16为潮汕地区旅游风味套餐设计实例。

表1　汕头地区旅游风味套餐（1）

序号	属性	菜点名	主要原料	制法	主色调	口味
1	冷菜	潮汕卤水鹅	大鹅	卤	赤棕	咸香
2	热菜	干炸果肉	猪肉	炸	金黄	咸香
3	热菜	清蒸多宝鱼	多宝鱼	清蒸	灰黑	咸鲜
4	热菜	白灼活沙虾	沙虾	白灼	红	咸鲜
5	汤	生菜牛丸汤	牛肉丸	煮	灰绿	咸鲜
6	热菜	椒精盐排骨	排骨	椒精盐	灰红	咸香
7	热菜	咸骨春菜煲	春菜	煲	绿	咸香
8	点心	糕烧番薯	番薯	糕烧	金黄	甜
9	冷菜	潮汕鱼饭	巴浪鱼	浸	灰白	鲜甜
10	小食	特色葱油饼	面粉	炸	金黄	咸香

表2　汕头地区旅游风味套餐（2）

序号	属性	菜点名	主要原料	制法	主色调	口味
1	热菜	豆酱焗鸡	整鸡	豆酱焗	金黄	咸香
2	热菜	干炸虾枣	虾肉	干	金黄	咸香
3	热菜	清蒸桂花鱼	桂花鱼	清蒸		咸鲜
4	热菜	白灼墨鱼仔	墨鱼仔	白灼	白	咸鲜
5	汤	紫菜鱼丸汤	鱼丸	煮	白绿	咸鲜
6	热菜	炭烤猪颈肉	猪颈肉	烤	棕红	咸香
7	热菜	厚菇芥菜煲	芥菜	煲	绿	咸鲜
8	热菜	炒沙茶牛肉	牛肉	炒	暗红	咸鲜
9	点心	香煎鼠壳粿	鼠壳草、糯米粉、绿豆沙	煎	绿	甜
10	点心	清甜绿豆爽	绿豆畔	煮	黄	甜

表3 汕头地区旅游风味套餐(3)

序号	属性	菜点名	主要原料	制法	主色调	口味
1	汤	龙骨玉米汤	玉米、龙骨	熬	黄	咸鲜
2	热菜	金瓜蒸排骨	排骨、金瓜	蒸	灰	咸鲜
3	热菜	姜油鸡	鸡	煮	黄	咸鲜
4	热菜	白灼活沙虾	沙虾	白灼	红	咸鲜
5	热菜	清蒸海鲈鱼	鲈鱼	清蒸	灰	咸鲜
6	热菜	红焖豆腐	豆腐	红焖	暗红	咸香
7	冷菜	卤鹅肉	鹅	卤	暗红	咸香
8	热菜	炒时蔬	时蔬	炒	绿	咸鲜
9	主食	炒海鲜米粉	米粉、海鲜	炒	复合	咸香
10	点心	葱油饼	面皮、葱花、芝麻	炸	浅金黄	香甜

表4 汕头地区旅游风味套餐(4)

序号	属性	菜点名	主要原料	制法	主色调	口味
1	汤	紫菜鱼丸汤	紫菜、鱼丸	煮	白	咸鲜
2	冷菜	白切鸡	鸡	煮	黄	咸鲜
3	热菜	清蒸活时鱼	时鱼	清蒸	赤褐	咸鲜
4	热菜	芥蓝炒牛肉	牛肉	炒	棕	咸鲜
5	热菜	茶香虾	沙虾	炒	红	茶香
6	热菜	咸鱼茄子煲	茄子	煲	浅黄	咸香
7	热菜	炒时蔬	时蔬	炒	绿	咸鲜
8	冷菜	潮汕鱼饭	巴浪鱼	浸	灰白	鲜甜
9	点心	炒粿条	粿条	炒	暗红	咸香
10	点心	菜头粿	白萝卜、薯粉	煎	浅黄	咸香

表5 潮州地区旅游风味套餐（1）

序号	属性	菜点名	主要原料	制法	主色调	口味
1	冷菜	潮式卤味拼盘	鹅肉、鹅肝、卤豆干、鹅翅	卤	暗红	咸香
2	热菜	生炊桂花鱼	桂花鱼	生炊	绿白	咸鲜
3	热菜	精盐焗虾	鲜虾	焗	红	咸香
4	热菜	厚菇芥菜煲	芥菜、厚菇	煲	黑绿	咸鲜
5	热菜	石橄榄炖乌鸡	乌鸡、石橄榄	炖	黑绿	咸鲜
6	热菜	百花酿鱼鳔	鱼鳔、虾肉、猪肉	炊	浅红	咸鲜
7	热菜	炸凤凰豆干	豆干	炸	金黄	香
8	热菜	清炒芥蓝	芥蓝	炒	绿	咸鲜
9	点心	蚝烙	蚝、薯粉	烙	浅黄	咸香
10	点心	糕烧地瓜	地瓜、白砂糖	糕烧	金黄	甜

表6 潮州地区旅游风味套餐（2）

序号	属性	菜点名	主要原料	制法	主色调	口味
1	热菜	豆酱焗鸡	鸡	焗	浅黄	咸鲜
2	热菜	猪尾花生煲	猪尾、花生	炒	灰红	咸鲜
3	热菜	生炊大肉蟹	肉蟹	炊	黄白	咸鲜
4	热菜	清炖菜头丸	白萝卜	炖	淡白	咸鲜
5	热菜	芡实芋粒煲	芡实、芋头	煲	灰白	咸鲜
6	热菜	红焖鱼块	草鱼肉	焖	暗红	咸鲜
7	热菜	油泡鲜鱿	鲜鱿	炖	白绿	咸鲜
8	热菜	清炒油菜	油菜	炒	绿	咸鲜
9	点心	地瓜烙	地瓜	烙	金黄	甜
10	点心	肖米	鲜虾、猪肉	蒸	黄	咸鲜

表7 潮州地区旅游风味套餐(3)

序号	属性	菜点名	主要原料	制法	主色调	口味
1	冷菜	潮州卤鹅肉	狮头鹅	卤	深褐	咸香
2	热菜	潮式蒸河鲜	河鲜	蒸	红绿白	咸鲜
3	热菜	炒沙茶牛肉	牛肉	炒	深褐	咸鲜
4	热菜	伊面蒸膏蟹	膏蟹、伊面	蒸	红黄	咸鲜
5	热菜	脆皮大肠	猪大肠	卤、炸	深红	咸香
6	汤	鲜蚝咸菜汤	鲜蚝、咸菜	煮	浅白黄	咸鲜
7	热菜	酸甜咕噜肉	猪肉、菠萝、番茄	熘	橙红	酸甜
8	热菜	厚菇芥菜	芥菜、厚菇	煲	黑绿	咸鲜
9	主食	炒凤凰鸡肠粉	畲鹅粉、鱿鱼、包菜	炒	褐	咸香
10	小食	咸水粿	粘米粉、菜脯末	蒸	白	咸香

表8 潮州地区旅游风味套餐(4)

序号	属性	菜点名	主要原料	制法	主色调	口味
1	冷菜	卤水拼盘	鹅肉、鹅翅	卤	深褐	咸香
2	热菜	香炸芙蓉蚝	大蚝	炸	金黄	咸鲜
3	热菜	酱水焖鱼	草鱼	焖	浅金黄	咸鲜
4	冷菜	潮州猪脚冻	猪脚、肉皮	冻	淡黄	咸鲜
5	热菜	豆酱焗鸡	鸡	焗	浅黄	酱香
6	热菜	清炖柠檬羊	羊肉	清炖	浅褐	咸鲜
7	热菜	酸甜鱼米鱼	草鱼	炸	金黄	酸甜
8	热菜	炒时蔬	时蔬	炒	绿	咸鲜
9	点心	潮州猪脚圈	芋头、红豆、薯粉、木薯粉	炸	金黄	咸香
10	主食	炒素粿条	粿条、芥蓝菜	炒	褐绿	咸鲜

表9 揭阳地区旅游风味套餐（1）

序号	属性	菜点名	主要原料	制法	主色调	口味
1	热菜	清蒸水库鱼	鱼	蒸	白	鲜香
2	热菜	老菜脯鸭汤	鸭、菜脯	煮	黑红	咸鲜
3	热菜	新亨鹅肉	鹅肉	煮	棕	鲜甜
4	热菜	炒笋丝	笋	炒	白	鲜甜
5	热菜	酸菜炒肉饼	肉饼	炒	棕	酸香
6	汤	水库鱼头汤	鱼头	熬	白	浓香
7	主食	地都蟹粥	蟹	煮	白	鲜香
8	点心	糕烧地瓜	地瓜	糕烧	红	香甜
9	点心	糯钱粿	韭菜	煎	青	韭香
10	小食	炒尖米丸	糯米	炒	白	清香

表10 揭阳地区旅游风味套餐（2）

序号	属性	菜点名	主要原料	制法	主色调	口味
1	冷菜	白切鸭	鸭肉	煮	棕	鲜香
2	汤	猪肚莲藕汤	猪肚	汤	白	清鲜
3	热菜	红脚芥蓝	芥蓝	炒	绿	爽滑
4	热菜	咸鱼大菜煲	芥菜	煲	绿	浓香
5	热菜	鸭脚川菜汤	鸭脚	煮	清	咸香
6	点心	埔田笋粿	笋、粿条	炒	白	清香
7	点心	普宁豆干	豆干	炸	黄	脆香
8	点心	返沙咸鸭蛋黄	咸鸭蛋黄	返沙	白	脆甜
9	小食	乒乓粿	爆米	煎	金黄	香甜
10	小食	炒糕粿	糕粿	炒	金黄	清香

表11 揭阳地区旅游风味套餐（3）

序号	属性	菜点名	主要原料	制法	主色调	口味
1	冷菜	白切鸡	鸡	浸	白	咸香
2	热菜	芥蓝炒鱿鱼耳	芥蓝、鱿鱼耳	炒	白绿	咸鲜
3	热菜	鸭笋煲	鸭	煲	白黄	咸鲜
4	热菜	香煎咸鲍鱼	鲍鱼	煎	浅金黄	咸香
5	热菜	鲫鱼橄榄汤	鲫鱼、橄榄	煮	浅褐	咸甘香
6	热菜	咸菜汁狗母鱼	狗母鱼	焗	深褐	咸香
7	热菜	南乳鸡翅	鸡翅	炸	浅红	咸香
8	热菜	苦笋炒板筋肉	苦笋、板筋肉	炒	浅黄白	咸鲜
9	热菜	炸豆干	豆干	炸	金黄	香
10	主食	炒揭阳粿条	粿条、笋丝	炒	浅白	咸鲜

表12 揭阳地区旅游风味套餐（4）

序号	属性	菜点名	主要原料	制法	主色调	口味
1	冷菜	白切鸭	鸭	浸	白	咸香
2	热菜	鸭汤浸笋块	鸭、竹笋	浸	白	咸鲜
3	热菜	鲤鱼芥蓝煲	鲤鱼、芥蓝	煲	绿褐	咸鲜
4	热菜	南姜鸡翅	鸡翅	炸	金黄	咸香
5	热菜	梅菜蒸肉饼	梅菜、猪肉	蒸	黑褐	咸鲜
6	热菜	炒笋丝	竹笋	炒	白	咸鲜
7	热菜	清炖羊肉	羊肉	炖	浅褐	咸鲜
8	小食	揭西酿豆腐	豆腐、猪肉	酿	浅金黄	咸鲜
9	小食	惠来卷章	猪肉、马蹄	煎	浅金黄	咸鲜
10	小食	菜钱粿	粘米粉、韭菜	蒸	灰白	咸鲜

表13 汕尾地区旅游风味套餐（1）

序号	属性	菜点名	主要原料	制法	主色调	口味
1	热菜	浓香什鱼煲	什鱼	煲	浅金黄	咸香
2	热菜	家乡陈皮鸭	鸭、陈皮	煲	深褐	咸鲜
3	热菜	芹菜炒鳗杂	鳗肚、鳗肠、鳗腩	炒	绿褐	咸鲜
4	热菜	香煎海丰豆干	豆干	煎	金黄	咸香
5	热菜	海丰狮子头	猪肉、墨脯	炆	浅金黄	咸鲜
6	热菜	浓汤四丸	鱼丸、鱼饺、肉丸、牛肉饼	煲	灰白	咸鲜
7	热菜	海丰炸豆渣	豆渣	炸	金黄	咸香
8	热菜	香煎鱼饼	马鲛鱼	煎	浅金黄	咸香
9	热菜	金华姜汁芥菜煲	芥菜、虾脯	煲	红绿	咸鲜
10	小食	梅陇菜粿	萝卜、鱿鱼	蒸	灰白	咸鲜

潮式风味菜烹饪工艺

表14 汕尾地区旅游风味套餐（2）

序号	属性	菜点名	主要原料	制法	主色调	口味
1	热菜	咸菜扣肉煲	五花肉、咸菜	煲	深黄	咸鲜
2	热菜	竹仔鱼姜醋汤	竹仔鱼	煮	黄白	咸酸鲜
3	热菜	油焗麻鱼	麻鱼	焗	黑白	咸鲜
4	热菜	梅虾炆芋头	芋头、梅虾	炆	白	咸香
5	热菜	生炒大肠头	大肠、姜丝	炒	金黄	咸鲜
6	热菜	XO酱爆鱼面	鱼面	爆	红白	咸鲜
7	热菜	椒精盐鱼柳	鱼柳	炸	灰黄	咸香
8	热菜	秘制家乡牛杂煲	牛杂	煲	浅金黄	咸鲜
9	主食	海丰香炒饭	米饭、豆角	炒	白绿黄	咸香
10	小食	薯粉饺	猪肉、薯粉	蒸	深黄	咸鲜

表15 汕尾地区旅游风味套餐（3）

序号	属性	菜点名	主要原料	制法	主色调	口味
1	冷菜	五香卤牛肉	牛肉	卤	褐	咸香
2	热菜	南乳蒸排骨	排骨	蒸	红褐	咸鲜
3	热菜	腐竹墨脯煲双丸	腐竹、墨脯	煲	浅黄	咸鲜
4	热菜	海丰狮子头	猪肉、墨鱼、腊肠	炊	金黄	咸鲜
5	热菜	红炊家猪肉	家猪肉	红炊	暗红	咸鲜
6	热菜	香煎鱼饼	马鲛鱼	煎	浅金黄	咸香
7	热菜	咸菜猪手煲	猪手、咸菜	煲	浅黄	咸鲜
8	热菜	鲜鱼鳔炖白果	鲜鱼鳔、白果	炖	黄白	咸鲜
9	主食	家乡金瓜饭	金瓜、大米	煲	金黄	咸香
10	小食	薯粉饺	猪肉、薯粉	蒸	金黄	咸鲜

表16 汕尾地区旅游风味套餐（4）

序号	属性	菜点名	主要原料	制法	主色调	口味
1	热菜	家乡陈皮鸭	鸭	煲	暗红	咸香
2	热菜	爆炸马鲛皮	马鲛鱼皮	炸	金灰	咸香
3	热菜	膏蟹粉丝煲	膏蟹、粉丝	煲	红	咸香
4	热菜	腐竹鸡蛋煮双丸	腐竹、鱼丸、肉丸、鸡蛋	煮	黄白	咸鲜
5	热菜	茨菇墨脯腐竹煲	茨菇、墨脯、腐竹	煲	灰白	咸鲜
6	热菜	芹蒜炒天星脯	芹菜、天星脯	炒	红绿	咸香
7	热菜	顶汤浸鱼胶	鱼胶	浸	白	咸鲜
8	热菜	咸吊桶炒通菜	通菜、咸吊桶	炒	红绿	咸鲜
9	热菜	咸菜炒猪肚	咸菜、猪肚	炒	灰绿	咸鲜
10	小食	香煎马蹄烙	马蹄、生粉	烙	浅金黄	甜香

附录　部分烹饪专用词及原料、调料名称解释

名称	解释
飞水	在开水中略一煮就拿出来
生炊	清蒸
虾胶	鲜虾肉（剔去虾肠）捣烂后，加入味精、精盐、生粉和蛋清搅匀
螺蟾	螺头较硬部分
薯粉	番薯淀粉
淀粉	木薯淀粉
雪粉	经漂白加工的番薯淀粉
川椒	花椒
澄面	用面粉加适量精盐揉成团，再用清水揉洗后的沉淀物
马蹄	俗语钱葱
网朥	也称网油、网纱朥，是指猪腹部的网状膜
草鱼	鲩鱼
脚鱼	甲鱼、鳖、王八、水鱼
胡椒油	熟油中加入胡椒粉
元酱	甜酱、珠油
瓜碧	糖制冬瓜，也叫瓜册、瓜丁
糖油	白砂糖和水熬成的糖浆
葱珠油	用青葱切成珠后用油煎成金黄色，且有葱香味
糕粉	又叫潮州粉，是用生糯米浸洗后，经炒熟，磨粉而成的
鱼鳃	大燕沙鱼的鳃，经晒干而成的
金瓜	又叫香瓜，是惠来县的特产，其盛产的季节性很强

续表

名称	解释
老香黄	也叫佛手果,也有叫香黄果,经蜜制而成
姜薯	其外表似姜一样有小毛根,是潮汕的土特产,肉色洁白,质地清、甘、香
银杏	白果
菜胆	油菜,白菜的芯
蚝	牡蛎
芫荽	胡荽,个别地方叫香菜
香菜	生菜,莴苣菜
吊瓜	黄瓜
包尾油	菜肴上碟后在其表面淋上少许熟油,以增加其光泽
鱼饭	鱼饭为潮汕俗语:将许多同类鱼装进小竹筐,撒上精盐,蒸熟即为鱼饭
生鱼	斑鱼、乌鳢
菜茝	去掉花及老梗,留最嫩的一段
北葱	大葱
腩排	猪肉排骨
珠瓜	苦瓜,也叫凉瓜
糕粿	大米做成的约1厘米厚的糕
梅膏酱	盐浸梅子和白砂糖捣成的酱
春菜	芥菜
秋瓜	水瓜
菜脯	咸萝卜干
冰肉	已腌过糖的肥猪肉
葱珠	指葱切成小粒状
橙羔	用鲜橙同白砂糖熬制而成的,陈放越久质量越好
鱼翅骨	干鱼翅洗出翅针后剥下的软骨

后记

　　广东省"粤菜师傅"工程系列培训教材在广东省人力资源和社会保障厅的指导下，由广东省职业技术教研室牵头组织编写。该系列教材在编写过程中得到广东省人力资源和社会保障厅办公室、宣传处、财务处、职业能力建设处、技工教育管理处、异地务工人员工作与失业保险处、省职业技能鉴定服务指导中心、职业训练局和广东烹饪协会的高度重视和大力支持。

　　《潮式风味菜烹饪工艺》教材由广东省粤东技师学院牵头组织编写。该教材以"实用性""乡土性"为原则，不仅收录了潮式风味中用"炒、焖、炸、炖、炊、泡、焗、扣、烙、糕烧、返沙"等常见烹调技法制作的传统菜品；还注重"特色性"，涵盖了汕头、潮州、揭阳、汕尾四市不同的风味菜。菜品类别齐全，包括水产类、家禽类、家畜类、蔬果类、其他类等品种，全书菜肴品种达120个，具有较强的实用性，对推动粤菜文化发展和粤菜师傅培训起到积极作用。该教材可作为开展"粤菜师傅"短期培训和全日制粤菜烹饪专业实训课程配套教材，同时可作为宣传粤菜的科普教材使用。

　　本教材在编写过程中，得到汕头市南粤潮菜餐饮服务职业技能培训学校配合，并得到广东烹饪协会潮菜专业委员会、汕头市餐饮业协会、潮州市烹调协会、汕头市龙湖宾馆、潮州市金龙大酒店、揭阳市榕永兴美食府、饶平海胜茗苑、汕尾市食品行业协会、汕头技师学院、潮州市高级技工学校、广东省揭阳市高级技工学校等单位的支持；另得到广东科技出版社钟洁玲、饶平县潘桂江、韩山师范学院黄武营等专家学者及餐饮企业家的大力支持，在此一并表示衷心的感谢！

《潮式风味菜烹饪工艺》编委会
2019年8月